市政与环境工程设计系列丛书

北方地区给水工程示例

孙同亮　米海蓉　张焕鑫　董　欣　编著

哈爾濱工業大學出版社

内容简介

本书主要介绍了我国北方某城市给水工程的净水厂部分设计图纸。全书共分2部分：第1部分涉及该工程的设计计算说明简介，主要内容为净水厂设计的依据、净水工艺流程、净水厂平面布置、净水厂设计、其他相关设计、设计法规法令及人员编制等内容；第2部分是以附录形式出现的净水厂主体工艺设计的部分图纸，共约90张，主要包括管道布置、稳压井、滤池、絮凝池、净化间、沉淀池、清水池等主体工艺图。

本书可作为高等学校市政工程专业和环境工程专业的教学及毕业设计参考用书，同时也可供从事市政工程、环境工程工作的技术人员在设计、施工和运行管理中参考使用。

图书在版编目(CIP)数据

北方地区给水工程示例/孙同亮等编著. —哈尔滨：哈尔滨工业大学出版社，2015.7

ISBN 978-7-5603-5466-8

Ⅰ.①北… Ⅱ.①孙… Ⅲ.①净水-给水工程-工程设计-中国 Ⅳ.①TU991.2

中国版本图书馆CIP数据核字(2015)第150305号

责任编辑　贾学斌
出版发行　哈尔滨工业大学出版社
社　　址　哈尔滨市南岗区复华四道街10号　邮编150006
传　　真　0451-86414749
网　　址　http://hitpress.hit.edu.cn
印　　刷　哈尔滨工业大学印刷厂
开　　本　880mm×1230mm　1/16　印张8　插页1　字数200千字
版　　次　2015年7月第1版　2015年7月第1次印刷
书　　号　ISBN 978-7-5603-5466-8
定　　价　28.00元

前　言

城市供水是城市的命脉，是城市基础设施的重要组成部分，是制约城市发展的决定因素之一。近年来，国家越来越重视城市供水设施、净水厂的建设及运行管理，供水事业在国家产业政策中已被明确为国家重点支持的产业，相关部门制订了各项规划及相关条例，如水利部已经编制完成了《全国农村饮水安全工程“十一五”规划》《全国城市饮用水水源地安全保障规划》《全国城市饮用水安全保障规划（2006—2020）》，以及全国人大环资委建议在现行环境保护法、水污染防治法及水法等法律基础上，落实国务院 2006 年《研究饮用水安全有关问题的会议纪要》精神，由国务院法制办牵头，国务院有关部门共同参与，制订饮用水水源地保护和污染防治的专门法规，同时建议国务院办公厅加强监督，确保国务院精神尽早落实。

根据《黑龙江省人民政府办公厅关于印发黑龙江省百镇建设工程推进方案的通知》（黑政办发（2010）37 号）的要求，全省分两批抓好百镇建设，力争到 2012 年使第一批 48 个镇初具规模，用 4 年时间把百镇率先建设成为经济社会发展区域新中心。

基于以上有关供水安全的政策精神，各地市县对供水项目的投入越来越大，相关项目也越来越多，设计院也积极介入针对水源地的保护项目以及给水配套管网项目中。但鉴于目前还有相当多的工程设计人员较少参与过具体工程项目的建设设计，为此，作者根据曾经设计过的实际工程撰写了本书，以期在供水项目设计中提供一点经验，以供读者参考。

值得说明的是，由于本书主要介绍主体工艺，不是全部的图纸，因此在选图时只筛选了主要内容的图纸，图示、图剖面难免会有不连贯的地方；又由于在当时的工程设计过程中有很多细节考虑不周，且后来部分变更图纸也未能及时在本图册中更改，所以会有部分细节存在纰漏，敬请读者和相关专家给予指正、批评。

参与本书撰写及修正的人员有哈尔滨市市政工程设计研究院的孙同亮、张焕鑫、董欣，以及哈尔滨工程大学的米海蓉，其中孙同亮对全书进行了统稿。

编　者

2015 年 5 月

目　　录

第1章 设计依据

(1)《×××省×××市给水扩建工程可行性研究报告》;

(2)×××水务局与×××设计院签订的初步设计委托书;

(3)工程地质勘测报告;

(4)采用的主要规范和标准:

《室外给水设计规范》(GB50013—2006);

《室外排水设计规范》(GB50014—2006);

《建筑给水排水设计规范》(GBJ50015—2002);

《给排水构筑物施工及验收规范》(GBJ141—90);

《给水排水管道工程施工及验收规范》(GBJ50268—97);

《城市排水工程规划规范》(GB50318—2000);

《给水排水制图标准》(GB/T50106—2001);

《泵站设计规范》(GB/T 50265—97);

《城市工程管线综合规划规范》(GB50289—98);

《建筑地基基础设计规范》(GB50007—2002);

《混凝土结构设计规范》(GB50010—2002);

《建筑抗震设计规范》(GB50011—2001);

《总图制图标准》(GB/T50103—2001);

《建筑制图标准》(GB/T50104—2001);

《建筑结构制图标准》(GB/T50105—2001);

《屋面工程技术规范》(GB50207—2002);

《建筑内部装修设计防火规范》(GB50222—95);

《建筑设计防火规范》(GB50016—2006);

《房屋建筑制图统一标准》(GB/T 50001—2001);

《民用建筑设计通则》(GB 50352—2005)

《办公建筑设计规范》(JGJ 67—89);

《岩土工程勘察规范》(GB50021—2001);

《构筑物抗震设计规范》(GB50191—93);

《供配电系统设计规范》(GB50052—95);

《低压配电设计规范》(GB50054—95);

《建筑物防雷设计规范》(GB50057—94,2000);

《建筑项目环境保护设计规定》(〈87〉国环字第002号);

《砌体结构设计规范》(GB50003—2001);

《建筑结构荷载规范》(GB5009—2001);

《工业建筑防腐设计规范》(GB50046—95);

《建筑桩基技术规范》(JGJ94—94)

《公共建筑节能设计标准》(GB 50189—2005)

《建筑采光设计标准》(GB/T 50033—2001)

《电力装置的继电保护和自动装置设计规范》(GB50062—92);

《通用用电设备配电设计规范》(GB50054—95);

《电力工程电缆设计规范》(GB50217—94,2000);

《电力设备接地设计技术规范》(SDJ8—79);

《工业与民用电力装置的接地设计规范》(GBJ65—83);

《10 kV 及以下变电所设计规范》(GB50053—94);

《仪表系统接地设计规定》(HG/T 20513—2000);

《仪表供电设计规定》(HG/T20509—2000);

《并联电容器装置设计规范》(GB50227—95);

《建筑物防雷设计规范》(GB50057—94(2000));

《建筑物电子信息系统防雷技术规范》(GB50343—2004);

《建筑电气工程施工质量验收规范》(GB50303—2002);

《爆炸和火灾危险环境电力装置设计规范》(GB50058—92);

《城市道路绿化规划与设计规范》(CJJ75—97);

《城市绿化工程施工及验收规范》(CJJ/T82—99);

《城市绿地分类标准》(CJJ/T85—2002);

《城市绿化和园林绿地用植物材料——木本苗》(CJ/T34)。

第2章　净水工艺流程选择

2.1　净水厂设计的原则和要求

(1)净水工艺应充分体现处理稳妥可靠,技术先进可行,节省用地用水,设备节能经济,管理集中方便,减少工程造价,发挥工程效益的设计原则。

(2)自控设计先进可靠、管理方便。

(3)平面布置集中合理、方便运行管理及满足全厂安全供水的要求。

2.2　净水厂的工艺比选

根据×××市自来水公司提供的水质报告及对现水厂运行人员的访察,×××电站段原水水质相对比较稳定,水质总体情况较好,平时浊度不高,均为20~70MTU。

我们将如下两套工艺设计方案作为给水厂的工艺设计方案,并进行比较。

方案一：

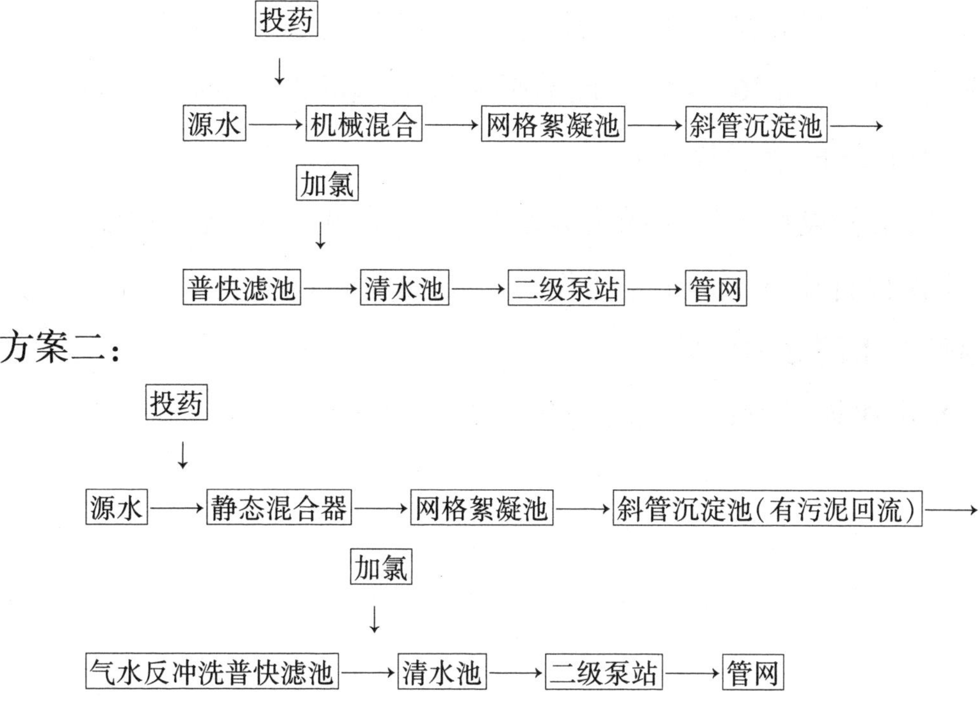

现就两个方案中不一样的环节进行选取。

(1)混合:机械搅拌混合方式是抗击水量变化能力最强的混合方式,而且可通过调节电机转速来控制搅拌速度梯度,使混合效果达到较佳。静态混合器抗击水量能力较弱,但运行方便。对于小城镇水厂,静态混合器能够保证处理效果。

(2)过滤:过滤是水处理工艺中的一个重要环节,滤池滤水运行时,随着滤料层截污量的增加,污泥渗透度加深,致使滤速下降,滤池水位逐渐上升,滤后水浊度升高。为使滤池恢复正常运行、保证出水水质和水量,此时必须进行反冲洗。反冲洗的过程是从滤板底部进水,冲击滤板上的滤料层,如传统大阻力配水丰型管滤池、中阻力滤砖(塑料滤砖)普通快滤池、小阻力孔板类虹吸滤池、移动罩等形式。反冲洗时是从丰型管、滤砖、孔板的底部进水,在气水冲洗剪切力的作用下,滤料处于半悬浮状态,并相互摩擦,将滤料表层污泥杂质冲刷排走,以使滤池恢复过滤功能的工艺过程。由于传统滤池耗能、耗水量大,反冲洗成本高,效果差,因此现在的滤池在设计时普遍采用小阻力配水系统的滤头、滤板气水反冲洗工艺或滤头板单水反冲洗工艺。这样的滤池每格每次冲洗时,用水量节约了56%,用电量节约了27%,其经济效益明显,加气冲洗时出水明显清澈许多,滤砂洗得更加彻底、干净,滤后初滤水浊度下降显著;每格滤池反冲洗周期延长到36~48 h,且不影响滤后水的浊度,大大降低了水厂的自用水率,具有较好的节能降耗效果。

因此,本次工程设计采用小阻力系统的气水反冲洗普通快滤池。

(3)在本次设计中,斜管沉淀池设置污泥回流泵回流至机械混合池,能改善冬季低温低浊水的处理效果。

方案二是本次初步设计的选择方案。

第 3 章 净水厂位置及平面布置

在厂区平面布置上，充分考虑工艺流程的顺畅与节约占地相结合，在满足工艺流程的前提下，在平面布置上力求功能明确、集中布置、有利生产、方便生活。为方便管理和节约用地，将主要净水构筑物组合成一体放在净水间内，形成净水厂主体建筑物，使水厂立面丰富。水厂平面布置集中紧凑，相互联系方便，分区明确，朝向合理，各系统管理布局简单短捷，尽量考虑到运行管理方便和较好的环境条件。

本工程厂区占地面积为 $1.14\times10^4 m^2$，图 3.1 中各构筑物为：

(1)稳压配水井；

(2)净水间；

(3)锅炉房；

(4)送水泵房；

(5)值班室；

(6)配电室；

(7)清水池；

(8)投药加氯间；

(9)综合楼；

(10)门卫室。

水厂的进水点在厂区西侧，即稳压配水井的位置，其中厂区的主导风向为西南风，因此，在布置时将综合楼布置在厂区南侧，其工艺主体构筑物为净水间，布置在厂区北侧。

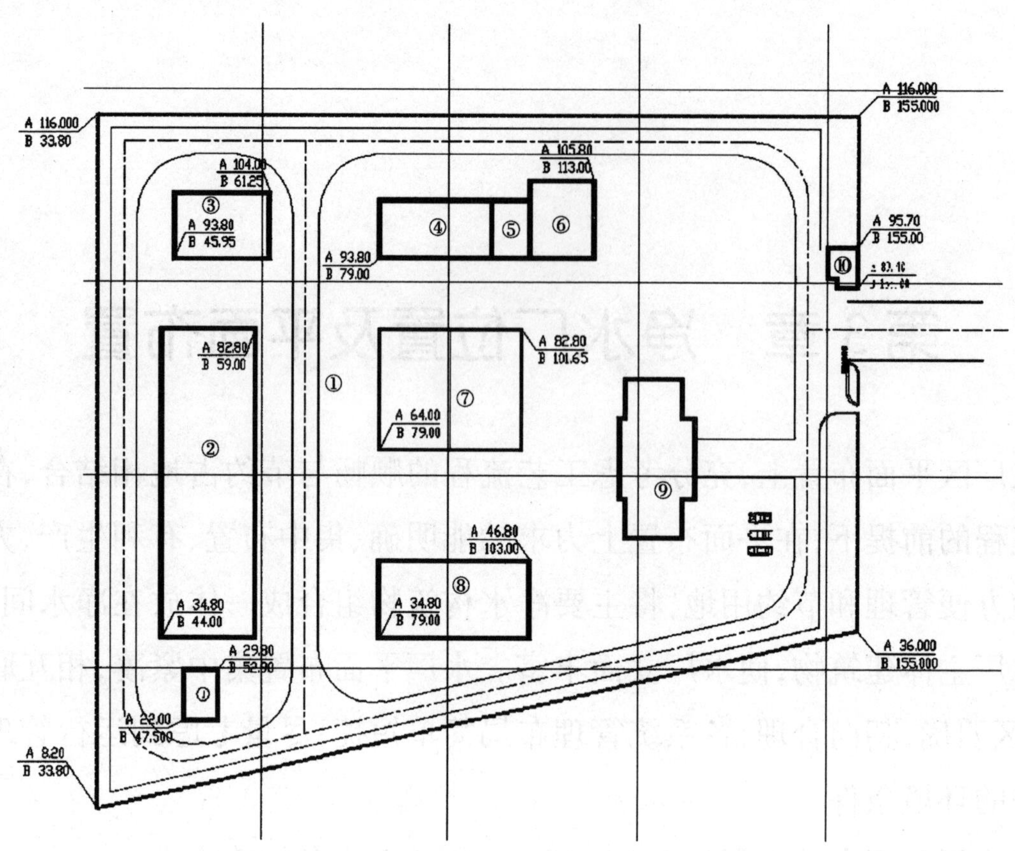

图 3.1　净水厂平面布置简图

第4章　净水厂设计

4.1　配 水 井

本工程设置稳压配水井一座，如图4.1所示，设计水量 $1.0\times10^4\ m^3/d$。稳压配水井采用钢筋混凝土结构，平面尺寸 $2.75\ m\times1.5\ m$，有效水深5.0 m。

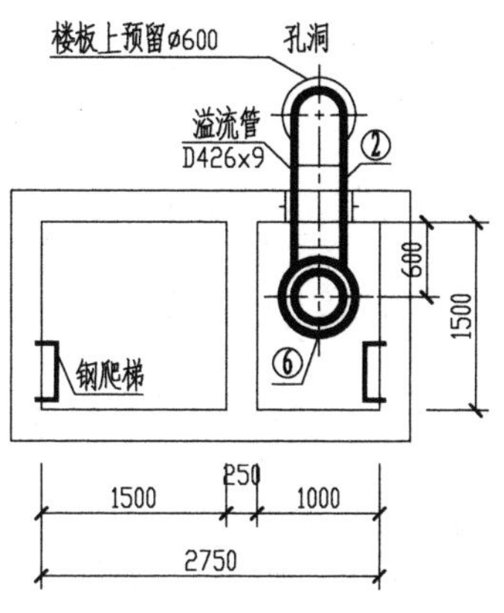

图4.1　配水井的简图

4.2　净 水 间

净水间如图4.2所示，由混合、絮凝、沉淀、过滤四部分组成，设计水量为 $1.0\times10^4\ m^3/d$，自用水系数8%，平面尺寸 $54.00\ m\times15.00\ m$。

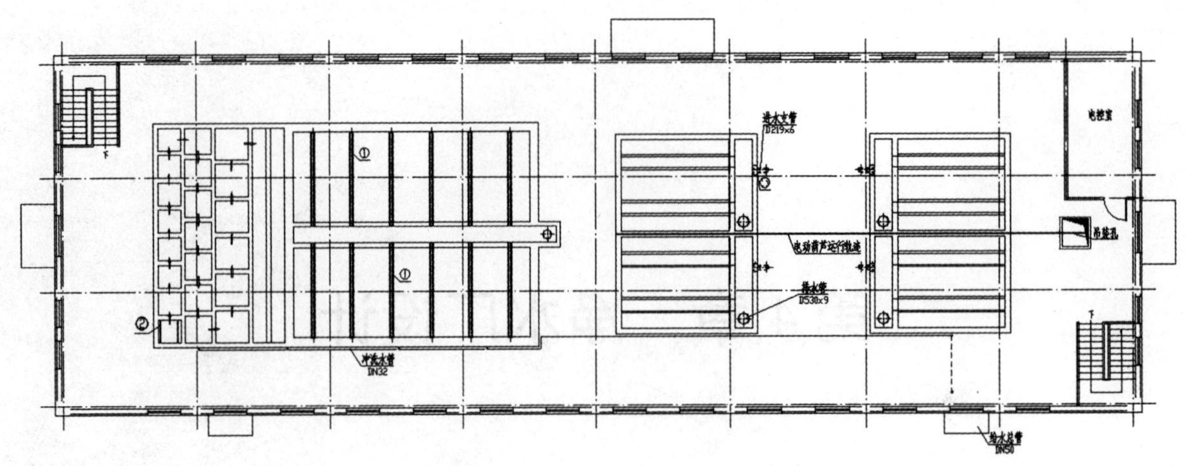

图 4.2　净水间平面布置简图

4.3　净水间构筑物及设备

4.3.1　管式混合器

管式混合器具有快速高效的特点，多采用低能耗管道螺旋混合的方式，对于两种介质的混合时间较短，扩散效果达 90% 以上，可节省药剂用量约 20% ~ 30%，而且结构简单，占地面积小。本设计中管式混合器采用玻璃钢材质，该材质具有加工方便、坚固耐用、耐腐蚀等优点，其结构示意图如图 4.3 所示。

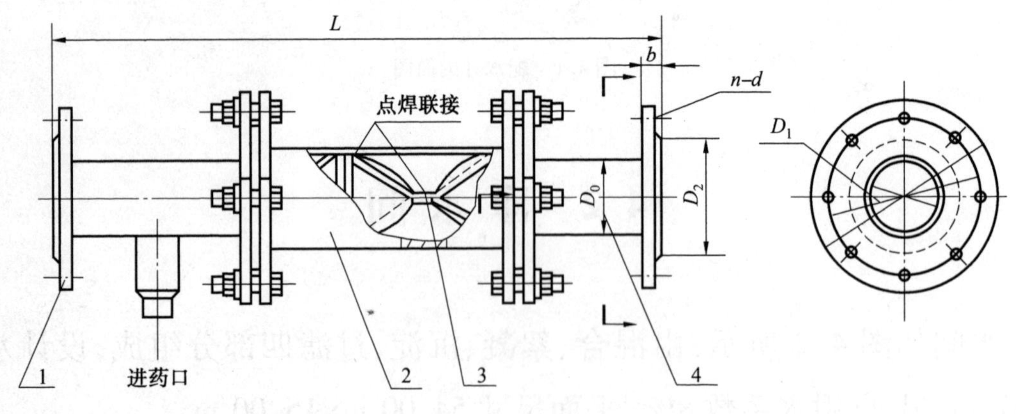

图 4.3　管式混合器

1—入口法兰；2—主体；3—叶片；4—出口

管式混合器一般由三节组成(也可根据混合介质的特性增加节数),每节混合器有一个180°扭曲的固定螺旋叶片,分左旋和右旋两种,相邻两节中的螺旋叶片旋转方向相反,并相错90°。为便于安装螺旋叶片,筒体做成两个半圆体,两端均用法兰连接,筒体缝隙之间用环氧树脂粘合,以保证其密封要求。

本工程设计水量 $1.00\times10^4\ m^3/d$,管式混合器采用的规格为 DN400,$L=3$ m,数量为1套,其混合时间为3 s。

4.3.2 折板絮凝池

折板絮凝池是将水流以一定流速在折板之间通过而完成絮凝过程的构筑物。折板絮凝池是在絮凝池内放置一定数量的折板,水流沿折板上、下流动,经过无数次折转,促进颗粒絮凝,如图4.4所示。这种絮凝池对水质水量适应性强,停留时间短,絮凝效果好,又能节约絮凝药剂。

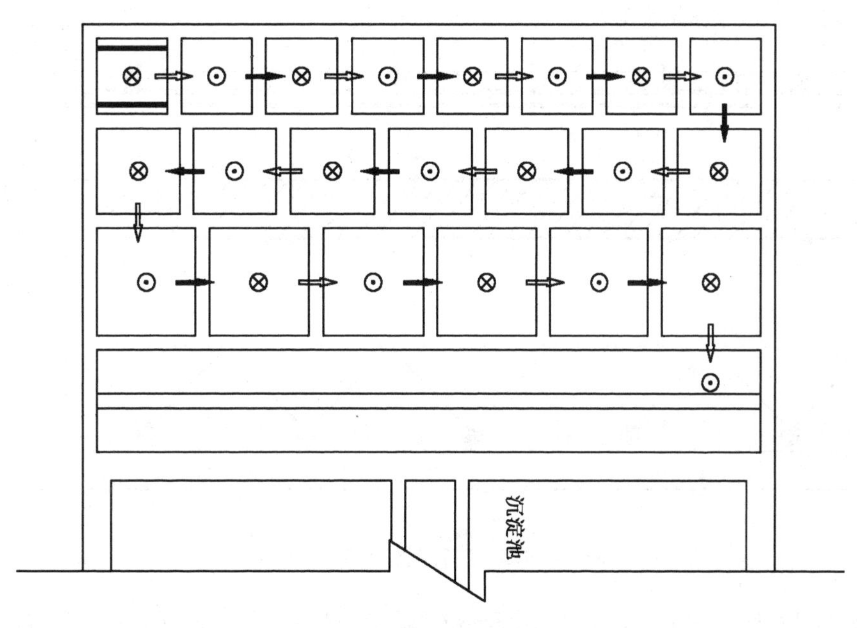

图4.4 折板絮凝池示意图

本工程采用新型折板絮凝池,这种池型可充分利用池体容积,池体简单,施工方便。本设计采用的折板絮凝池,平面尺寸为9.40 m×6.30 m,平均有效水深4.7 m,池深5.5 m。

主要设计参数为:

(1)总絮凝时间为22 min;

(2)絮凝分四级;

(3)四级流速分别是第一级0.12 m/s,第二级0.09 m/s,第三级0.06 m/s,第四级0.04 m/s;

(4)材料采用PVC。

4.3.3 斜板(管)沉淀池

斜板(管)所需的水力半径小,雷诺数低,沉淀效果显著,可设置泥回流系统,即在冬季低温低浊的情况下,将泥回流至絮凝池中,以提高出水水质。

本设计采用的斜管沉淀池如图4.5所示,进水由进水管进入池体,向下流通过位于池体中间的进水室,由导流板反射,再通过里面的进水布水口进入斜板。

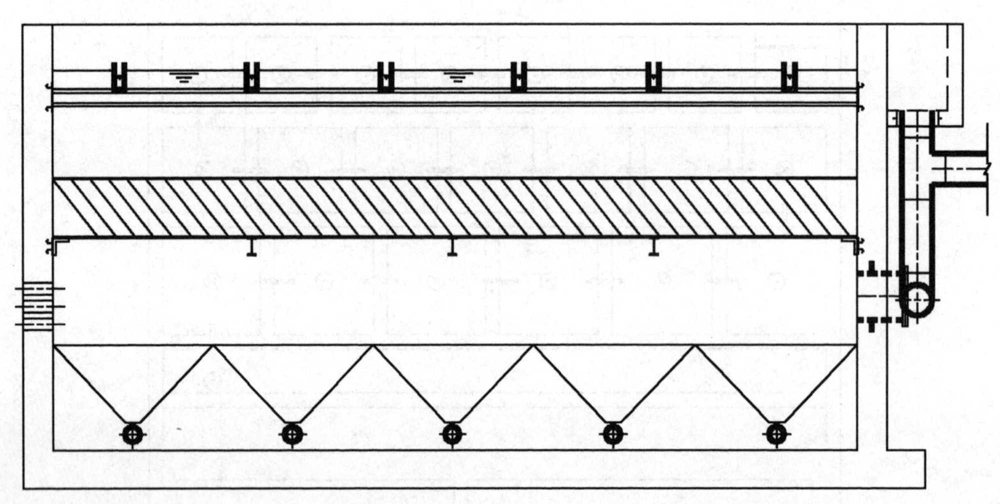

图4.5 斜管沉淀池示意图

随着溶液向上流动,其所含的固体颗粒沉淀在平行的斜板组件上,然后滑入池体底部的污泥斗;在污泥斗中,污泥浓缩后通过污泥出口排出。而其澄清液离开斜板通过顶部的出水通路孔流出,然后通过可调出水堰汇集,由出水管流出。在斜板顶部设计通路孔的目的是使澄清液在通过集水渠时形成一个压力差,保证各斜板间流态分布均匀,从而使整个面积都被利用。这样操作的可靠性增大,减少了溶液流态的影响,还减少了结垢淤积的可能。

（1）斜板（管）沉淀池具有如下特点：

①增大沉淀能力：沉淀面积增大；斜板可以对沉淀物起到再凝聚作用，使絮状物增大，易于沉淀；斜板沉淀创造了层流条件，沉淀效果好。

②下沉污泥浓度增大。

③排出的清水量整年保持稳定，而且不存在污泥覆盖。

本工程沉淀池设计水量为 $1.00\times10^4\ m^3/d$，平面尺寸为 9.40 m×8.20 m，有效水深为 4.7 m。

（2）主要设计参数：

①清水区上升流速：1.3 mm/s；

②斜板厚度：1.0 mm；

③斜板尺寸：$L=1$ m；

④斜板间距：25 mm；

⑤水平倾角：60°；

⑥材质：乙丙共聚；

⑦排泥方式：采用钢丝绳牵引刮泥机刮泥，可按时间程序控制排泥；

⑧出水浊度：5NTU 以下。

4.3.4 普通快滤池

本工程采用普通快滤池，如图 4.6 所示。普通快滤池工作性能稳定，有成熟的运转经验，运行稳妥可靠，是净化工艺中常用的滤池型式。滤池采用石英砂和无烟煤双层滤料，原材料比较充足，价格相对比较便宜；可采用减速过滤，出水水质较好，尤其是小阻力配水系统的应用，由于采用滤板和长柄滤头，所以配水比较均匀，水力水头损失较小，而且冲洗时动力消耗比价小，从而可以降低后续处理构筑物的埋深，从而达到节约材料和降低工程造价的目的。

（1）普通快速滤池设施主要由以下几个部分组成：

①滤池本体，它主要包括进水管渠、排水槽、过滤介质（滤料层），过滤介质承托层（垫料层）和配（排）水系统。

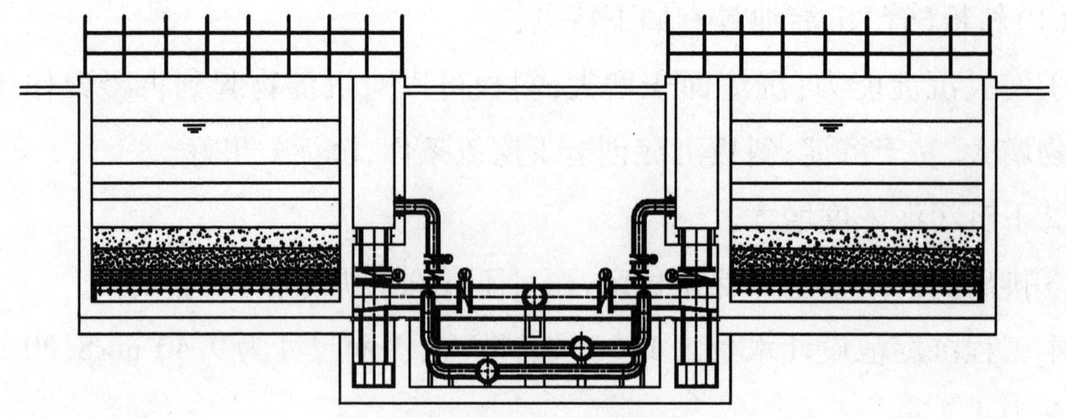

图 4.6　普通快滤池示意图

②管廊，它主要设置有 5 种管(渠)，即浑水进水管、清水出水管、冲洗进水管、冲洗排水管及初滤排水管，以及阀门、一次监测表设施等。

③冲洗设施，它包括冲洗水泵、水塔及辅助冲洗设施等。

④控制室，它是值班人员进行操作管理和巡视的工作现场，室内设有控制台、取样器及二次监测指示仪表等。

本设计采用两组 4 格，设计水量 1.0×10^4 m^3/d，单格平面尺寸 4.8 m×4.0 m，池高 5.30 m。

(2)主要设计参数：

①滤速：正常 5.7 ~6.5 m/h。

②配水系统：采用长柄滤头小阻力配水系统。

③滤料：采用石英砂和无烟煤双层滤料。

无烟煤滤料采用粒径 $d_{10}=0.85$ mm，厚 600 mm，$k_{80}<2.0$；

石英砂滤料采用粒径 $d_{10}=0.55$ mm，厚 600 mm，$k_{80}<2.0$；

承托层采用粒径 2 ~4 mm，厚 100 mm，$k_{80}<2.0$。

④冲洗方式：气水联合反冲洗。

水反冲洗强度：9 L/(s · m^2)，冲洗时间 6.0 min；气反冲洗强度：16 L/(s · m^2)，冲洗时间 3 min。

⑤冲洗周期：12 ~24 h。

4.3.5 投药加氯间

1. 投药间

本工程投药间与加氯间合建,如图 4.7 所示,平面尺寸为 24.0 m×18.00 m。

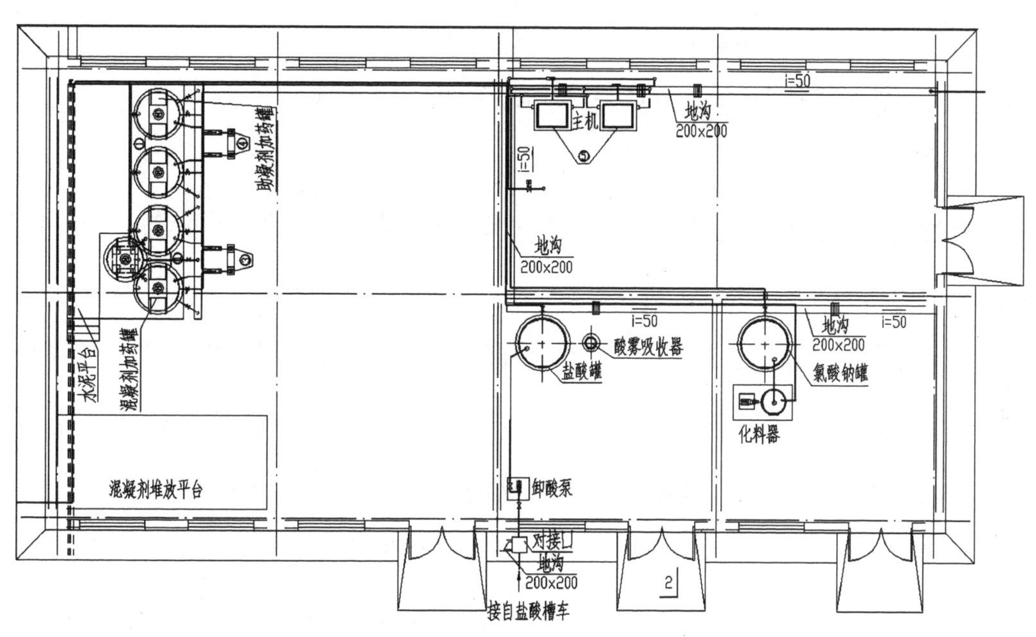

图 4.7 加药加氯间平面布置简图

在目前的水处理工艺中,常用的混凝剂有硫酸铝、聚合氯化铝(PAC)、硫酸亚铁、氯化铁、聚合铁(PFS)等。

常用的助凝剂有:用于调节 pH 值的石灰或纯碱;作为氧化剂的氯或漂白粉;作为絮凝物加固剂的水玻璃($Na_2O \cdot xSiO_2 \cdot yH_2O$);用作高分子吸附剂的聚丙烯酰胺(PAM)等。

助凝剂是为了提高混凝效果而投加的辅助药剂,助凝剂单独作为混凝剂使用的情况极少。

本次工程混凝剂采用硫酸铝,其主要设计参数如下:

(1)硫酸铝平均投加量 15 mg/L,投加浓度 10%;

(2)药剂以干贮为主;

(3)溶药池药剂转输采用计量泵;

(4)调制药剂采用气体搅拌。

设采用2座玻璃钢药剂调制罐,池体采用玻璃钢。药剂调制罐直径1.2 m,有效水深1.0 m,罐深1.2 m。

设2台搅拌机,$N=0.75$ kW。

药剂投加采用2台计量泵,一用一备,分别投至两个净化系列的混合池内并在配水井内设有投药点。

单泵参数:$Q=100$ L/h,$P=0.4$ MPa,$N=0.55$ kW。

2.加氯间

为了使出水水质符合细菌学标准,水经过滤后还必须消毒。某些地下水可不经净化处理,但通常仍需消毒。

饮水消毒剂的选择,应考虑以下因素:①杀灭病原体的效果;②控制和监测的难易;③剩余消毒剂的有无;④对水的感官性状的影响;⑤副产物对健康的影响,以及预防或消除的可能性;⑥经济技术上的可行性。

美国安全饮水委员会通过对12种消毒剂的评价后指出:氯、臭氧、二氧化氯和氯胺,是可供公共给水选择的消毒剂;紫外线只适用于单位供水。

本次工程采用二氧化氯消毒。

ClO_2是橙黄色气体,在1个大气压下,液化温度为9.7 ℃。ClO_2易挥发,遇光又易分解成ClO^{-1}和[O],故需在临用时就地制备。ClO_2易溶于水,其水溶液在密闭、避光条件下保存于冷处很稳定,如轻度酸化,则更稳定。ClO_2水溶液常按下列反应制备:

$$2NaClO_2+Cl_2 = 2ClO_2+2NaCl$$

为获得满意的产量,氯溶液的加量应较上述反应式大2~3倍。在此条件下,溶液中有大量氯,且尚有以下副反应:

$$2ClO_2+HOCl+H_2O = 2ClO^-+2H^++HCl$$

为防止氯化副产物的形成,近年来一直在探索无氯的ClO_2制备法;据报道,如用4 g/L浓度的氯溶液,并加入适量盐酸(使制得的ClO_2溶液的pH在2~3范围内),然后再让氯与亚氯酸钠反应,则产品中的氯很少,并可获得95%

的产量。

此法制得 ClO_2 浓度为 6 ~ 10 g/L,应立即稀释成 1 g/L,使用时,配成 6 ~ 8 mg/L 的操作液。

ClO_2 的消毒效果及余氯的稳定性,均较氯高,且不受 pH 值的影响(pH 为 6 ~ 10),不与氨反应,不产生三卤甲烷(有溴离子时除外)和致突变性;ClO_2 的氧化能力为氯的 2 倍,因而对铁、锰、嗅味和色度的去除效果均较氯优。同时,ClO_2 系统和氯化系统在运转上十分类似,因而国外已有不少水厂改用 ClO_2 消毒或用于前处理,但 ClO_2 消毒的成本较氯和臭氧高。此外,动物实验还揭示:ClO_2 及其歧化产物 ClO^{2-} 和 ClO^{3-} 均能引起溶血性贫血和变性血红蛋白血症;ClO_2 尚具有降低血清甲状腺素的作用。因此美国规定,水中 ClO_2 的最高污染水平为 1 mg/L;美国水厂协会建议,管网中 ClO_2 和 ClO^{2-} 的总浓度不应大于 0.5 mg/L。

本工程构筑物包括药库和加氯间。加氯采用二氧化氯投加,加氯投加量为 1.0 mg/L。

为保证投氯安全可靠,使用方便,计量准确,本工程加氯选用 2 台二氧化氯发生器(0 ~ 0.9 kg/h),1 用 1 备,余氯分析仪 1 台(0 ~ 5 mg/L)。

4.3.6 清水池

清水池(图 4.8)为贮存水厂中净化后的清水,以调节水厂制水量与供水量之间产差额,清水池具有高峰供水低峰储水的功能,并为满足加氯接触时间而设置的水池。

清水池的作用是让过滤后的洁净澄清滤后水沿着管道流往其内部进行贮存,并在清水中再次投加液氯进行一段时间消毒,对水体的大肠杆菌等病菌进行杀灭以达到灭菌的效果。

清水池的有效容积包括调节容积、消防用水量、水厂自用水量及安全储量。水厂的调节容积可凭运转经验,按照最高日用水量进行估算。

本工程新建 1 座有效容积为 1 500 m^3 的清水池,单池平面尺寸为

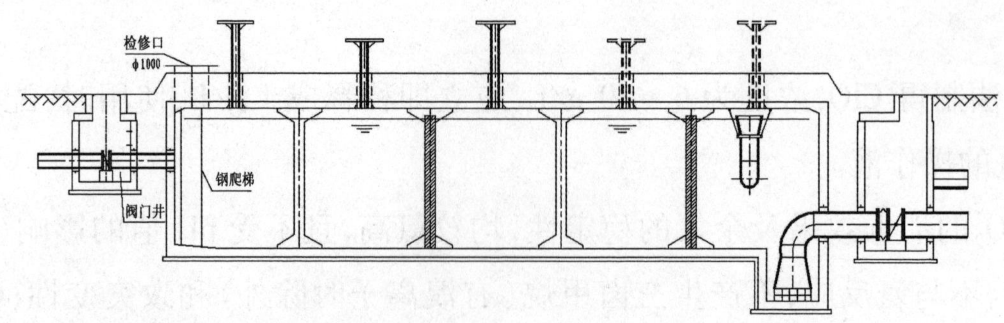

图 4.8　清水池示意图

24.00 m×21.00 m,有效水深 3.5 m,清水池调节水量为最高日用水量的 15%。

4.3.7　送水泵房

送水泵房设计流量:1×10^4 m^3/d。

送水泵房为半地下式,地下深 4.20 m,与反冲洗泵及变配电间合建。泵房平面尺寸为 40.10 m×9.0 m,如图 4.9 所示。泵房剖面图,如图 4.10 所示。

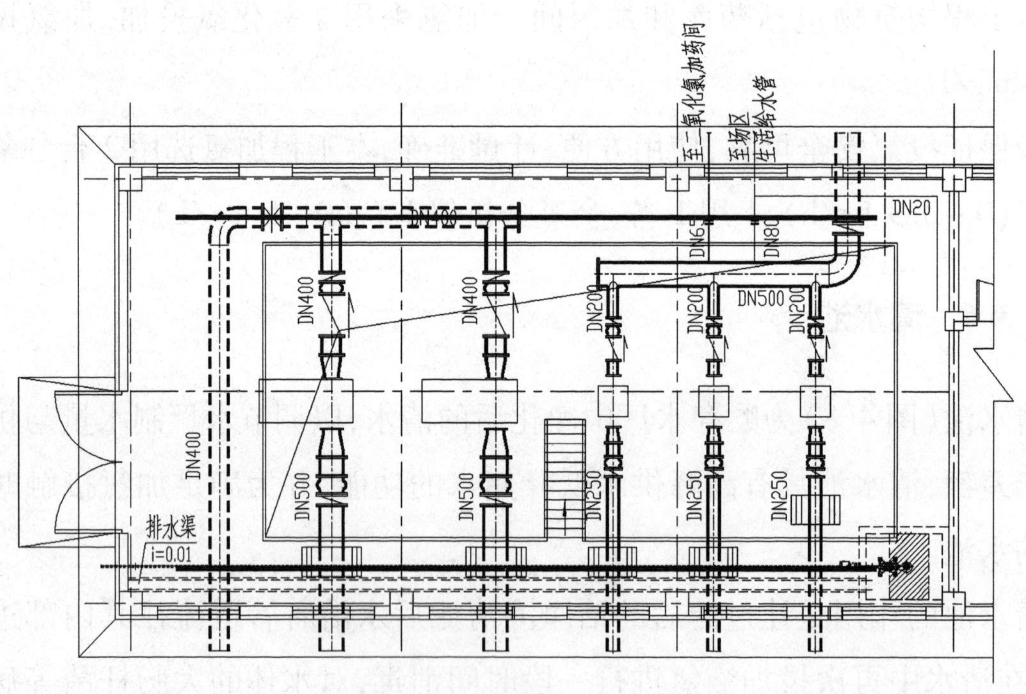

图 4.9　泵房平面示意图

泵房内设送水离心清水泵 3 台(2 用 1 备),$Q=292$ m^3/h,$H=44$ m,$N=45$ kW。

泵房内设反冲洗立式离心泵 2 台(1 用 1 备),$Q=518.4$ m^3/h,$H=18$ m,

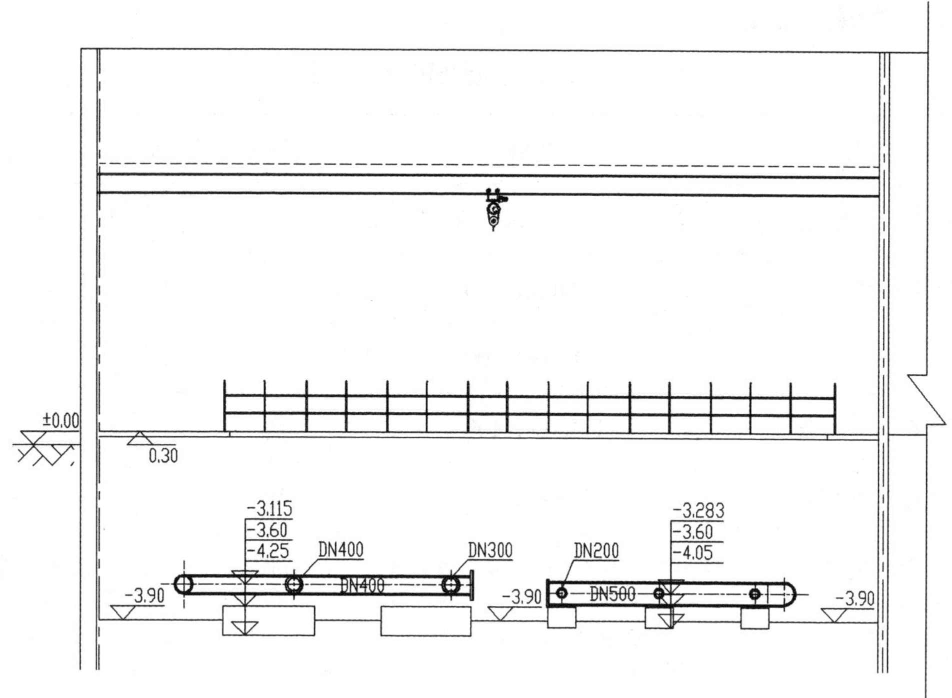

图 4.10　泵房剖面示意图

N=37 kW；排污泵 1 台，Q=10 m^3/h，H=10 m，N=1.5 kW。

LX 电动单梁悬挂起重机 G=1 t，L_k=6.5 m，N=3.4 kW。

4.3.8　净水工程工艺主要设备表

净水工艺主要设备名称规格及数量见表 4.1 ~4.6。

1. 配水井

表 4.1　配水井设备表

序号	名称	规格	单位	数量	备注
1	双法兰手动蝶阀	DN100　P=1.0 MPa	个	1	

2. 混合、絮凝、沉淀池

表 4.2 混合、絮凝及沉淀设备表

序号	名称	规格	单位	数量	备注
1	链条式非金属刮泥机	$B=4\ 400$ $L=8\ 500$ $N=1.5$ kW	台	2	
2	PVC 新型折板	1 040×1 000	套	1	
3	PVC 新型折板	1 170×1 100	套	1	
4	PVC 新型折板	1 480×1 400	套	1	
5	PVC 新型折板	2 000×1 400	套	1	
6	乙丙共聚斜板	$H=1\ 000$ mm $d=25$ mm	m^2	96.3	安装角 60°
7	电动排泥刀闸阀	DN200 $P=1.0$ MPa	个	4	
8	手动排泥刀闸阀	DN200 $P=1.0$ MPa	个	4	
9	手动排泥刀闸阀	DN150 $P=1.0$ MPa	个	5	
10	电动排泥刀闸阀	DN150 $P=1.0$ MPa	个	5	
11	手 动 蝶 阀	DN400 $P=1.0$ MPa	个	1	
12	管式混合器	DN400 $L=3$ m	套	1	
13	双法兰限位伸缩器	DN200 $P=1.0$ MPa	个	4	
14	双法兰限位伸缩器	DN400 $P=1.0$ MPa	个	1	
15	不锈钢集水槽	$B=200$ mm $H=450$ mm	m	56	304 不锈钢

3. 普通快滤池

表 4.3 普通快滤池设备表

序号	名称	规格	单位	数量	备注
1	双法兰电动蝶阀	DN400 $P=1.0$ MPa	个	4	
2	双法兰电动蝶阀	DN300 $P=1.0$ MPa	个	4	
3	双法兰电动蝶阀	DN200 $P=1.0$ MPa	个	8	

续表 4.3

序号	名称	规格	单位	数量	备注
4	双法兰电动蝶阀	DN100　$P=1.0$ MPa	个	4	
5	双法兰电动通风蝶阀	DN200　$P=1.0$ MPa	个	4	
6	自控自吸泵	$Q=12\ m^3/h$　$H=14$ m　$N=4.0$ kW	台	1	
7	罗茨鼓风机	$Q=32\ m^3/min$　$P=55$ kPa　$N=45$ kW	台	2	
8	出口柔性接头		个	2	与鼓风机配套
9	出口止回阀		个	2	与鼓风机配套
10	安全阀		个	2	与鼓风机配套
11	出口消音器		个	2	与鼓风机配套
12	空滤器		个	2	与鼓风机配套
13	进口消音器		个	2	与鼓风机配套

4. 投药加氯间

表 4.4　投药加氯间设备表

序号	名称	规格	单位	数量	备注
1	混凝剂隔膜计量泵	$Q=100$L/h　$P=0.4$ MPa　$N=0.55$ kW	台	2	1 用 1 备
2	玻璃钢药剂调制罐	ϕ1 200 $H=1.2$ m　$V=2.4$ m	台	2	
3	搅 拌 机	$N=0.75$ kW	台	2	与 2 配套
4	过 滤 器	DN 15	个	2	
5	脉冲阻尼器	DN 15	个	1	
6	背 压 阀	DN 15	个	1	
7	安 全 阀	DN 15	个	1	
8	电磁流量计	DN 15	个	1	已统计在仪表专业图纸中
9	二氧化氯发生器	$Q=300$ kg/h	台	2	1 用 1 备
10	氯酸钠储罐	$V=0.5\ m^3$	个	1	
11	盐酸储罐	$V=1.0\ m^3$	个	1	
12	卸酸泵	$Q=12\ m^3/h$　$H=20$ m　$N=0.75$ kW	台	1	
13	余氯分析仪	0 ~ 5 mg/L	台	1	

5. 清水池

表 4.5　清水池设备表

序号	名称	规格	单位	数量	备注
1	双法兰手动蝶阀	DN400 $P=1.0$ MPa	个	4	
2	法兰传力接头	DN400 $P=1.0$ MPa	个	4	

6. 送水泵房

表 4.6　送水泵房设备表

序号	名称	规格	单位	数量	备注
1	卧式离心泵	$Q=292\ \mathrm{m^3/h}$　$H=44$ m　$N=45$ kW	台	3	2 用 1 备，1 台变频
2	立式离心泵	$Q=518.4\ \mathrm{m^3/h}$　$H=18$ m　$N=37$ kW	台	2	
3	潜水排污泵	$Q=10\ \mathrm{m^3/h}$　$H=15$ m　$N=1.5$ kW	台	1	
4	电动单梁悬挂起重机	$G=1$ t　$L_k=6.5$ m　$N=3.4$ kW	台	1	
5	多功能水力控制阀	DN300	个	2	
6	多功能水力控制阀	DN200	个	3	
7	手动蝶阀	DN400	个	2	
8	手动蝶阀	DN300	个	5	
9	手动蝶阀	DN200	个	3	
10	管道伸缩器	DN400	个	2	
11	管道伸缩器	DN300	个	5	
12	管道伸缩器	DN200	个	3	

第5章　净水厂建筑设计

5.1　设计依据及标准

5.1.1　设计依据

(1)经批准的可研及初步设计批复文件。

(2)国家颁布的有关建筑设计的规范和标准。

(3)城市规划部门的用地批准文件和建设单位提供的地形图。

(4)建设单位提供的设计要求。

(5)工艺、电气、结构、暖通、自控专业提供的设计条件。

5.1.2　设计标准

总图制图标准	GB/T50103—2001
建筑制图标准	GB/T50104—2001
屋面工程技术规范	GB50207—2002
建筑内部装修设计防火规范	GB50222—95
建筑设计防火规范	GB50016—2006
房屋建筑制图统一标准	GB/T 50001—2001
民用建筑设计通则	GB 50352—2005
办公建筑设计规范	JGJ 67—89

泵站设计规范　　　　　　　　　　GB/T 50265—97
公共建筑节能设计标准　　　　　　GB 50189—2005
建筑采光设计标准　　　　　　　　GB/T 50033—2001
消防技术规范汇编《卤代烷 1211 灭火系统设计规范》的通知。

5.2　总图及道路设计概况

总平面布置在满足工艺流程基础上,合理布置建(构)筑物。

道路纵断面设计以规划为依据,由于原厂区地势高差较大,道路纵断线型根据设计车速要求、与之相交的现有道路及两侧建筑物标高确定,保持同原厂区设计地面标高相近,道路工程填方 620 m^3,挖方 2 300 m^3。

新建道路与原有道路衔接并延伸成环路,车行道宽 6 m,人行道宽 0.7 ~ 4.8 m。

根据设计交通量,使用要求及气候、水文、土质等自然条件,结合道路所在地路面材料情况特点,并遵循因地制宜、合理选材、方便施工的原则,进行路面结构的组合设计。

道路结构(结构总厚度 66 cm)由上至下组合为:

- 4 cm AC—16C 型中粒式沥青混凝土;
- 6 cm AC—25F 型粗粒式沥青混凝土;
- 18 cm 三灰碎石(9.5% 石灰、1.5% 水泥、19% 粉煤灰、70% 碎石);
- 18 cm 二灰碎石(11% 石灰、19% 粉煤灰、70% 碎石);
- 20 cm 二灰土(10% 石灰、20% 粉煤灰、70% 土)。

人行道结构(结构总厚度 19 cm)由上至下为:

- 6 cm 彩色防滑步道板;
- 3 cm M5 水泥干拌砂;
- 10 cm C10 水泥混凝土。

5.3 厂区主要技术经济指标和工程量表

厂区主要技术经济指标和工程量见表5.1,单体设计新建建筑工程量见表5.2。

表5.1 主要技术经济指标和工程量表

序号	名 称	单 位	数 量	%	备 注
	技术经济指标				
1	用地面积	hm^2	1.67		
2	建筑物占地面积	m^2	3 992		
3	构筑物占地面积	m^2	3 860		
4	道路面积	m^2	2 780		
5	原有路床土掺8%石灰厚20 cm	m^2	556		
6	换填20 cm 6%石灰土	m^2	2 224		
7	人行道路面积	m^2	2 308		
8	绿化面积	m^2	7 300		
9	建筑系数	%	23.7		
10	利用系数	%	53.0		
11	绿化系数	%	42.9		
12	工程量				
13	围墙长度	m	524		红砖及铁栏杆围墙
14	土方量:填方	m^3	620		
	挖方	m^3	2 300		

表5.2 新建建筑物表

建(构)筑物名称	面积/m^2	层数	生产类别	耐火等级	抗震等级
净水间	1 920.6	一层	戊类	二级	七度
加药加氯间	311	一层	乙类	二级	六度
送水泵房、配电间	376	一层	戊类	二级	六度
清水池	571	2座	戊类		七度

续表 5.2

建(构)筑物名称	面积/m^2	层数	生产类别	耐火等级	抗震等级
吸水井	65	1 座	戊类		六度
混凝、絮凝沉淀池	534.4	2 座	戊类		六度
滤池	806	2 座	戊类		六度
办公楼	1 561.7	三层	戊类	二级	六度
机修间车库	236.2	一层	戊类	二级	六度
锅炉房	174	一层	戊类	二级	六度
门卫室	29	一层	戊类	二级	六度
流量计井	6.3	3 座	戊类		六度
总建筑面积	5 034.1				

本次设计主要建筑物为净水间、加药加氯间、办公楼、机修间和送水泵房等。所有建筑均采用米黄色涂料粉饰,采用塑钢窗,浅蓝色玻璃。塑钢窗材料造型、节点构造和施工安装由生产厂家负责。室内地面采用防滑地砖及耐酸防腐地砖,栏杆采用不锈钢管,屋面防水为 SBS 防水卷材,屋面保温为阻燃聚苯乙烯保温板,各建筑内均设有卤代烷“1211”手提式灭火器,外门采用复合彩色钢板门,材料造型、节点构造和施工安装均由生产厂家负责。内门采用木门制做,刷油一底两面,三遍成活,设备(卫生器具)均为成品,甲方自定。

第 6 章　其他相关设计

6.1　消防设计

厂房的安全疏散出口均根据规范要求设置，疏散走道宽度、距离均符合消防规划要求。

建筑物的生产类别：净水间、加药加氯间、送水泵房及污泥脱水间均为不燃液体的净化处理生产厂房，加药加氯间生产类别为乙类，净水间、送水泵房、污泥脱水间生产类别为戊类，耐火等级均为二级，屋面保温为阻燃聚苯乙烯保温板，各建筑物内设有卤代烷“1211”手提式灭火器。

6.2　暖通设计

本净水厂设一台 0.70MW 热水锅炉房一处，供厂区采暖，锅炉烟囱采用砖砌。供回水温度为 70 ~ 90 ℃，散热器采用 M132 型，采暖形式为单管上供下回式。

锅炉配有引风机、循环水泵、补水泵等设备，管材采用焊接钢管。

管网布置应遵循以下原则，以保证节约用地，降低造价，运行安全可靠，维修方便。

(1)管线尽可能靠近负荷中心。

(2)管线沿人行道或绿化带敷设，减少拆迁量。

(3)近远期相结合,布局合理。

(4)采用经济合理的敷设。

(5)使用技术成熟的管材和管件。

管网采用无补偿直埋和全埋型波纹管补偿器补偿相结合的方式,补偿器压力等级 1.0 MPa,耐温≥100 ℃。管顶覆土 1.0 m,管道周围填细砂,厚200 mm。管材采用预制直埋保温管,保温层为聚氨脂泡沫塑料(密度 50 ~ 80 kg/m^3、厚度 50 mm、应保证 100 ℃热水长期运行),保护层为高密度聚乙烯。它不仅保温性能好、防水、耐腐蚀,而且寿命长、施工简便。此管材质量应符合我国建设部标准《高密度聚乙烯外护管聚氨脂泡沫塑料预制直埋保温管》(CJ/T114—2000)。

投药间、加氯间通风系统采用自然通风和机械通风相结合。

6.3 绿化设计

此次规划范围厂区面积 16 742 m^2,绿化面积 7 300 m^2。净水厂绿化,在围墙一侧成排种植一排速生阔叶乔木。其余规划地采用自然式的种植设计方法,采用常绿乔木配植花灌木形式,使绿化形成乔、灌、草从高到低的丰富层次。设计出具有美学效应、生态效应、社会效应和艺术品位的城市绿地系统。

施工按照城市绿化工程施工及验收规范(CJJ/T82—99)执行。按设计效果要求,草坪要相对密植,覆盖丰满。草坪换土不低于 20 cm(大地黑土)。草坪用早熟禾系列,满铺。

1. 种植穴、槽的定点放线及规定

(1)种植穴、槽定点放线应符合设计图纸要求,位置必须准确,标记明显。挖种植穴、槽的大小,应根据苗木根系、土球直径和土壤情况而定。穴、槽必须垂直下挖,上口下底相等,规格应符合城市绿化工程施工及验收规范(CJJ/T82—99中表 6.0.3-1 ~5)的规定。

(2) 种植前应进行苗木根系修剪,宜将劈裂根、病虫根、过长根剪除,并对树冠进行修剪,保持地上底下平衡。

2. 乔木类修剪规定

(1)具有明显主干的高大落叶乔木应保持原有树形,适当疏枝,对保留的主侧枝应在健壮芽上短截,可剪去枝条的1/5～1/3。

(2)无明显主干、枝条茂密的落叶乔木,对干径10 cm以上树木,可疏枝保持原树形;对干径为5～10 cm的苗木,可选留主干上的几个侧枝,保持原有树形进行短截。

(3)枝条茂密具有圆头型树冠的常绿乔木可适量疏枝。枝叶集生树干顶部的苗木可不修剪。具轮生侧枝的常绿乔木用作行道树时,可剪除基部2～3层轮生侧枝。

(4)常绿针叶树,不宜修剪,只剪除病虫枝、枯死枝、生长衰弱枝、过密的轮生枝和下垂枝。

3. 行道树种植的质量规定

(1)行道树进行疏枝截冠,尽量保持高度统一。

(2)带土球树木必须踏实穴底土层,而后置入种植穴,填土踏实。

(3)种植胸径5 m以上的乔木,应设支柱固定。支柱应牢固,绑扎树木处应夹垫物,绑扎后的树干应保持直立。

第7章　设计涉及的法规、法令

7.1　环境保护设计

7.1.1　设计依据及采用标准

本设计依据国家计委和国务院环保局1987年3月20日《关于颁发“建设项目环境保护设计规定”的通知》[（87）国环字第002号]中的有关内容和要求进行设计。采用的环境标准是：

（1）《工业“三废”排放试行标准》（GBJ4—73）；

（2）《地面水环境质量标准》（GB3838—2002）；

（3）《污水综合排放标准》（GB8978—1996）；

（4）《环境空气质量标准》（GB3095—1996）；

（5）《工业企业厂界噪声标准》（GB12348—90）。

7.1.2　环境保护措施

1. 水源的防护

本工程水源引自牡丹江红岩水电站段，水质良好，应加以保护。需加强水库附近周围的环境保护以确保水源安全。

2. 生产废水、污泥和生活污水的治理

净水厂的生产污泥、废水主要来源于净水间的反应和沉淀工序排泥和滤池表洗及反冲洗水。废水中的杂质主要是从原水中截留下来的悬浮物,以及水厂内生活设施内排出的厕所冲洗水和洗涤水,水质类似城市生活污水。

为减轻污染,本设计对生活污水采用化粪池简易处理后一并排出厂外;絮凝反应池、沉淀池排泥经污泥处理后运出厂外,而滤池表洗及反冲洗水经过滤池沉淀处理后进行回收利用。

3. 二氧化氯投加系统泄氯的防范

净水厂配备漏氯检测仪,当室内空气含氯浓度超过设定值(可调)时,漏氯检测仪即发出警报。

4. 机泵噪声的控制

净水厂噪声主要来源于净水厂锅炉房等车间的机泵设备。为减少噪声的危害,厂区内考虑必要的绿化环境,通过砌筑围墙、净化空气来降低环境噪声,利用地形、地物阻挡噪声传播,以减少噪声对环境的影响。

5. 锅炉烟尘的治理

大气污染源主要是采暖用的锅炉房。为使烟尘排放达标,本工程配备除尘装置,使烟尘排放达标,灰渣及时外运,综合利用,化害为利。

7.1.3 环境影响分析

从污染源的分析可知,本工程对环境的影响主要有生产废水、生活污水、泄氯、噪声和烟尘。环境保护措施中对净水厂液氯投加系统可能泄氯的氯气、机泵的噪声加强了防范和治理,治理后排放气体中含氯浓度小于30 mg/m^3,厂区周围环境可满足国家规定的噪声标准(白天65dB(A);夜间55dB(A))。

随着城市供水量的增加,相应的城市污水排放量也随之增加,建议对城市污水集中处理后进行排放,以免对城市环境造成污染。

7.2 消防设计

本工程消防设计包括城市消防和净水厂消防两部分,消防设计主要依据

《建筑设计防火规范》(GBJ16—87)和《建筑灭火器配置设计规范》(GBJ140—90)进行设计。

7.2.1 城市消防设计

根据城市发展规划,至 2020 年为 12.4 万人,按《建筑设计防火规范》(GBJ16—87)要求,同一时间内按两次火灾考虑,一次灭火用水量 45 L/s,火灾延续时间为 2 h,消防用水量 648 m^3,贮存在净水厂清水池中。在市区配水管网设计中,增设消火栓,消火栓间距 120 m;城市消防采用低压联合消防给水系统,消防压力按城区最不利点地面以上 10 m 水柱考虑。

7.2.2 净水厂消防设计

1. 建筑消防设计

本工程净水厂产品均以水为主,为非燃烧体,按有关规定,其等级属轻危险级。本工程建筑防火设计包括各单体建筑防火间距、建筑构造、疏散距离、走道宽度、安全出口及楼梯形式、装修材料和耐火性能,均满足规范要求。

2. 厂区消防设计

净水厂按规范要求设有室外消火栓,同一时间内按一次火灾考虑,一次灭火用水量 15 L/s,火灾延续时间 2 h,消防用水量 108 m^3,贮存在净水厂清水池内,消防水来自送水泵房厂内自用水管,厂区内设消火栓井 1 座。消防压力按厂区最不利点地面以上 0.2 ~0.3 MPa 设计,可形成高压消防供水系统。

厂区道路成环状,可兼做消防车道,所有建筑物均与道路相临,建筑物之间的防火通道均满足消防规定要求。

厂区火灾事故照明和疏散指示标志,采用蓄电池作备用电源,连续工作时间不少于 20 min。为扑救带电火灾,本工程选用干粉型灭火器,分设在净水厂各变配电值班室,每处干粉型灭火器不少于两具,其设置满足有关规范要求。

7.3 劳动保护和安全生产设计

7.3.1 不安全因素和职业危害

1. 触电事故因素

净水厂内机电设备较多,当工人对用电设备违反安全操作规程或机电设备维修不及时,均有可能发生触电事故。

2. 爆炸事故因素

净水厂锅炉房在操作和检修时,如果操作不当可能酿成爆炸事故。

3. 意外伤亡

各生产维修车间工序作业时,工人操作不慎,可能造成机械损伤和其他事故。

4. 职业危害

本工程职业危害主要有净水厂加氯间液氯投加系统泄漏的氯气和机泵设备的噪声。

7.3.2 劳动保护及安全措施

1. 设计依据及采用标准

(1)《国务院关于加强防尘防毒工作的决定》(国发(1984)97 号);

(2)《工业企业设计卫生标准》(TJ36—79);

(3)《工业企业噪声控制设计规范》(GBJ87—85);

(4)《室外给水设计规范》(GBJ13—86);

2. 劳动保护及安全措施

为提高运行管理水平,改善操作环境和劳动条件,有利于安全生产,本工程采取如下防范治理措施:

(1)本设计在工艺设备选型、生产操作运行中采取实用、安全、能减轻劳动强度、方便操作管理的设备和控制方式。如大部分闸门选用省力、轻巧、耐用的手、电动蝶阀；主要生产车间均设有电动或手动起重设备，方便安装和检修；加氯设备选用安全可靠、使用方便、计量准确的真空自动加氯机；滤池冲洗采用按时间及液位程序控制方式，机泵采用直接启动一步化操作。

(2)在净水厂二氧化氯投加系统中，操作室与药库隔开，设有氯气警报器并配有防毒面具和急救包等，同时加强安全教育和防毒面具使用教育。

(3)对机泵噪声设备，采取减少振动和噪声综合控制措施。对值班控制室采取双层结构或组合隔声构件的相应隔声措施，以改善值班工作环境。

(4)所有电气设备按国家有关电气设计技术接地保护规程要求，低压设备采用接零保护，接地电阻不大于4 Ω。

(5)除投药间采用轴流风机通风换气外，其他建筑物防暑降温主要以自然通风为主；冬季防寒主要室内采暖保温，净化间内温度达到8 ℃，一般操作和值班室达到15～18 ℃。

(6)净水间内敞开的水池四周均设安全拦杆。各种机泵加设必要的保护罩。厂内主要道路设有足够亮度的照明，有利于安全生产。

(7)制订和健全各工种岗位责任制及各工序安全操作规程，操作人员一定要经过专业培训，通过考核，有上岗证方可在岗值班。厂内一切机电设备均需定期维护检查，及时发现隐患，防患于未然。

3. 治理预期效果

从劳动安全分析可知，本工程可能产生的危害主要有噪声。治理措施中加强机泵的噪声防范和治理，使操作岗位噪声符合国家的有关规定。

采用上述劳动保护和安全措施后，可改善工人的操作值班环境，提高了劳动安全性，基本能符合相应的标准和条件。

7.4 节能设计

1. 设计依据

本工程依据国家发改委、国务院经贸办和建设部《关于基本建设和技术改造工程项目可行性研究报告增列节能篇(章)的暂行规定》(计资源(1992)1959号)中的有关内容和要求进行设计。

2. 节能措施

本工程为考虑能源的节约和利用,采取措施如下:

(1)在设备选型时合理选用阀门、流量计和管路附件,减少管道中不必要的局部水头损失。

(2)在工艺设计时合理规划供水系统、合理布局净水厂平面,净化工艺流程力求简短,避免迂回重复,减少厂内水头损失。净水厂净化构筑物采用组合集中布置,既节约能源、用地,又便于运行的集中管理。

第 8 章　人员编制

结合本工程生产规模情况，参照《城镇给水厂附属建筑和附属设备设计标准》(GJJ41—91)的有关规定，以及原有水厂人员配置情况，确定本工程人员编制总数为 28 人，全部由市供水公司原有人员调入。具体编制见表 8.1。

表 8.1　人员编制表

序号	名称	生产人员（人/班）	辅助工人（人/班）	管理技术（人）	服务人员（人/班）	操作班次（次）	小计（人）
1	单位负责人			1			1
2	行政管理			2			2
3	技术员			3			3
4	化验			1			1
5	管道维修		4				4
6	仪表工		1				1
7	电工		1			2	2
8	木瓦工		1				1
9	库料工		1				1
10	净化间	2				3	6
11	投药加氯	2				3	6
	合计						28

附录　主体工艺设计部分示例图

为了更好地展示设计思想和表达工程设计的思路，我们将净水厂主体工艺设计图中的部分图纸作为样图和案例展示给大家，以期能够给予各位同仁在以后的净水厂设计中有些许的提示和帮助。当然这些图纸中会有部分不足和纰漏，这都是由于设计想象的过程和实际工程环境不一致造成的，虽然我们在后续的施工过程中都一一做了图纸变更，但由于设计院的繁杂事物和众多的设计工作量，使我们难于将这些内容一一存档，虽然大部分是修改过的，但也肯定存在一些疏漏的地方，希望大家不要把这些图纸当成标准图，这些图纸仅供设计参考。

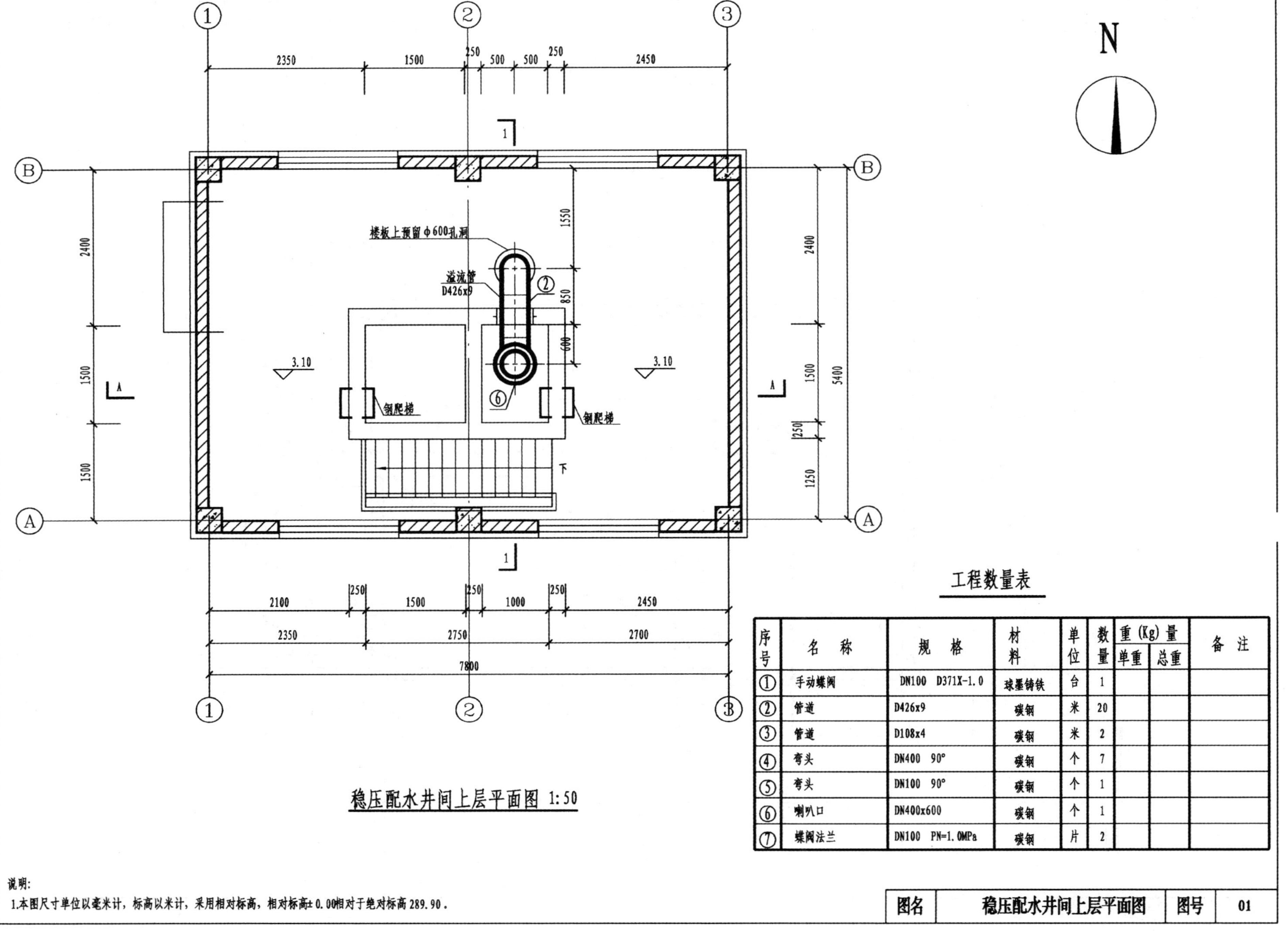

稳压配水井间上层平面图 1:50

工程数量表

序号	名称	规格	材料	单位	数量	重(Kg)量 单重	重(Kg)量 总重	备注
①	手动蝶阀	DN100 D371X-1.0	球墨铸铁	台	1			
②	管道	D426x9	碳钢	米	20			
③	管道	D108x4	碳钢	米	2			
④	弯头	DN400 90°	碳钢	个	7			
⑤	弯头	DN100 90°	碳钢	个	1			
⑥	喇叭口	DN400x600	碳钢	个	1			
⑦	蝶阀法兰	DN100 PN=1.0MPa	碳钢	片	2			

说明:

1.本图尺寸单位以毫米计，标高以米计，采用相对标高，相对标高±0.00相对于绝对标高289.90.

图名	稳压配水井间上层平面图	图号	01

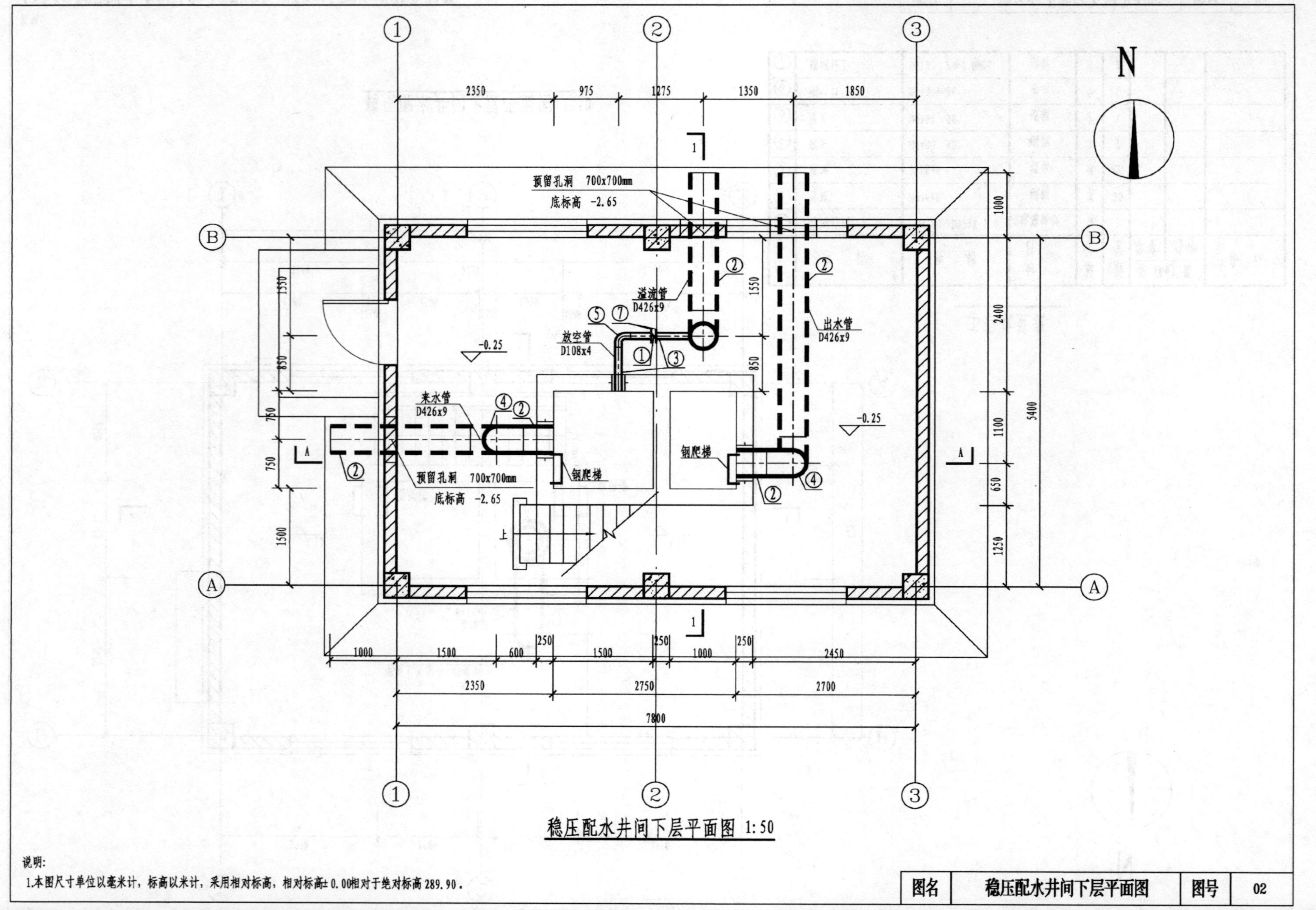

稳压配水井间下层平面图 1:50

说明:

1.本图尺寸单位以毫米计，标高以米计，采用相对标高，相对标高±0.00相对于绝对标高289.90。

图名	稳压配水井间下层平面图	图号	02

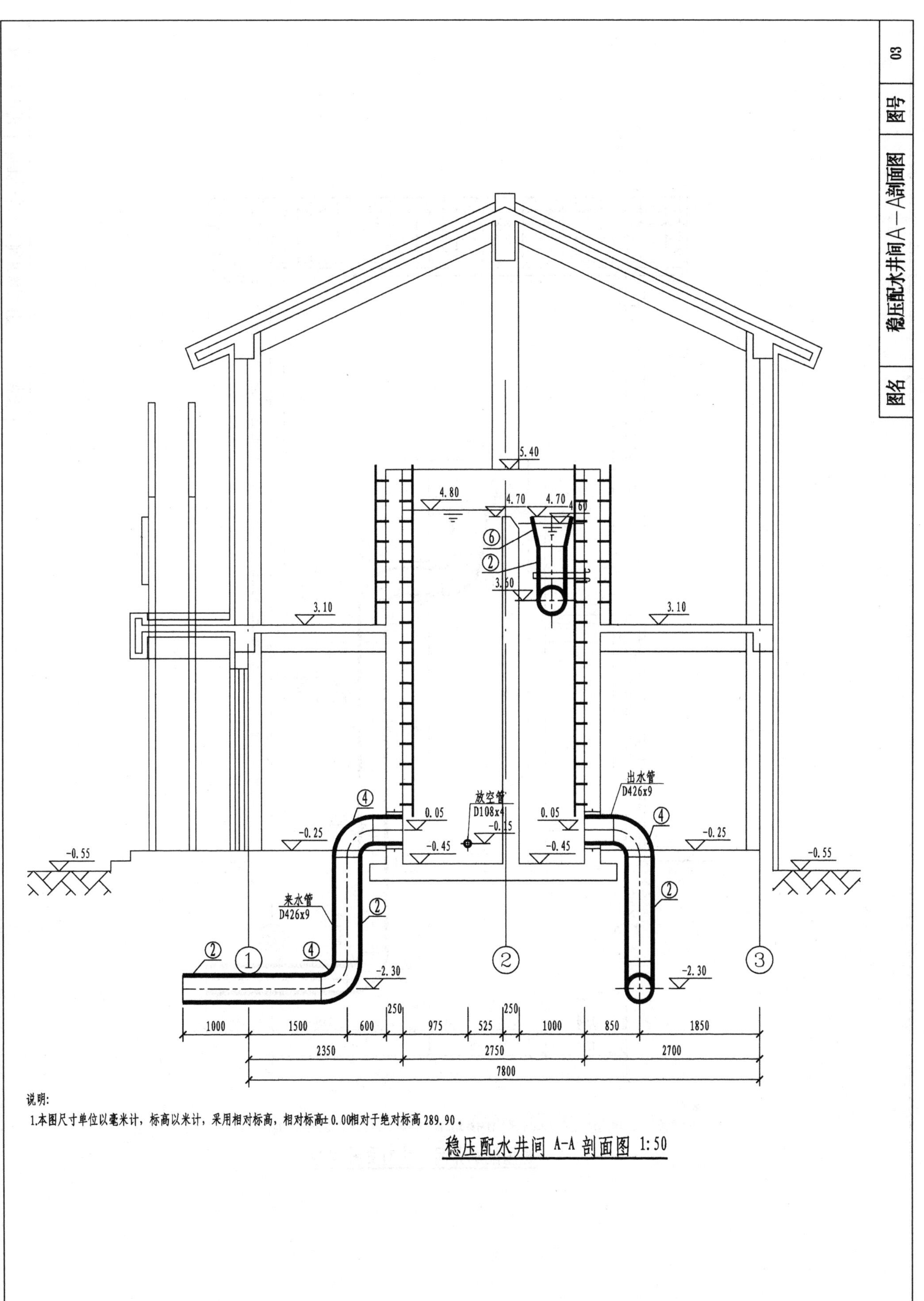

说明:

1.本图尺寸单位以毫米计，标高以米计，采用相对标高，相对标高±0.00相对于绝对标高289.90。

稳压配水井间 A-A 剖面图 1:50

图名 稳压配水井间1—1剖面图 图号 04

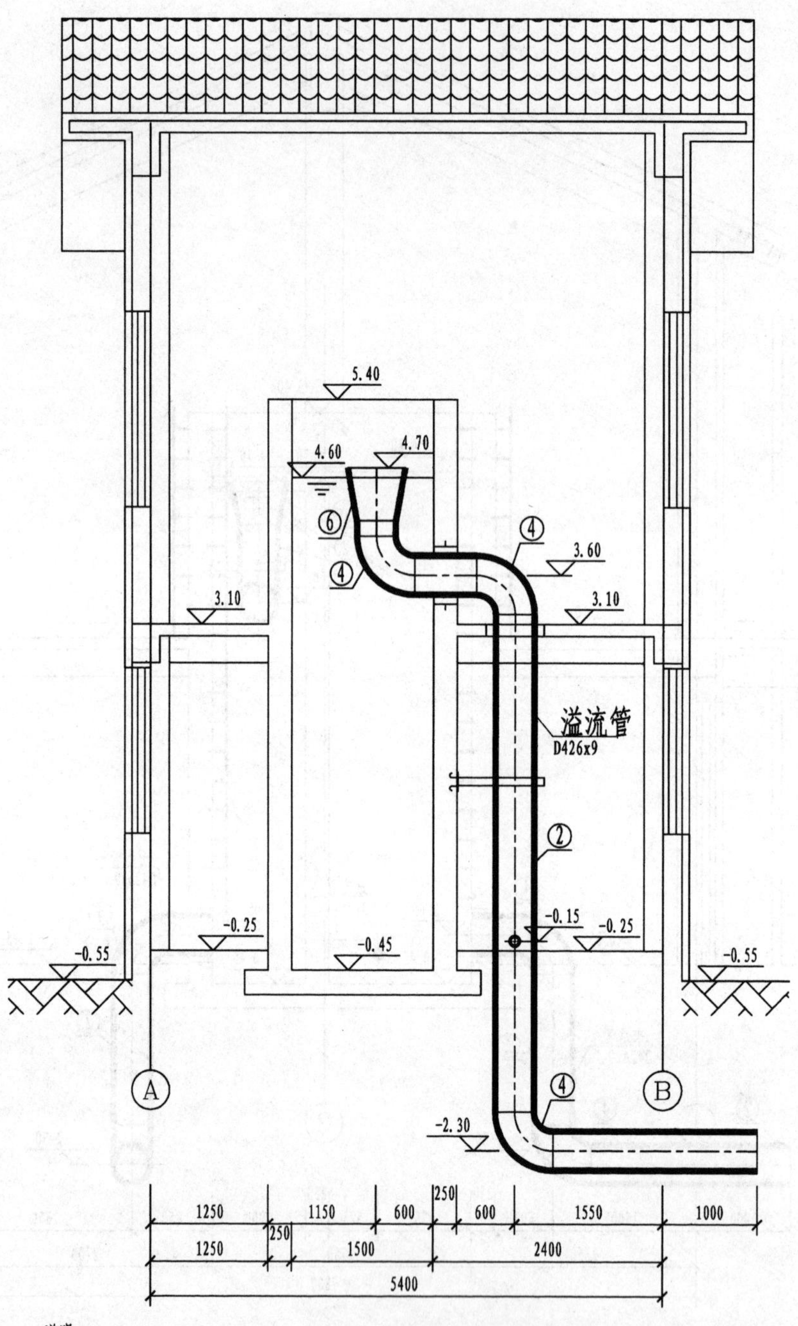

说明:

1.本图尺寸单位以毫米计，标高以米计，采用相对标高，相对标高±0.00相对于绝对标高289.90。

稳压配水井间 1-1剖面图 1:50

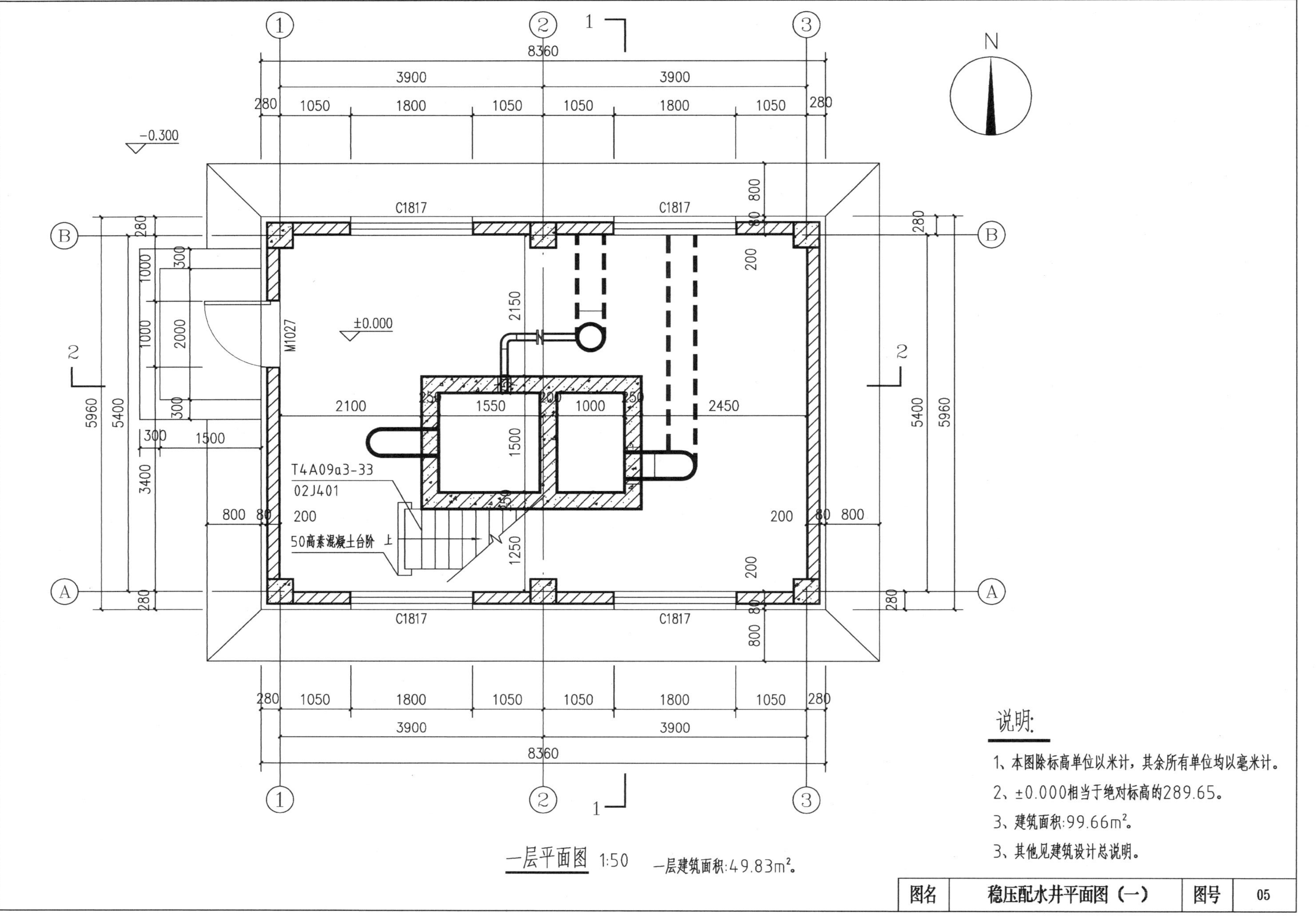

一层平面图 1:50
一层建筑面积:49.83m²。
说明:
1、本图除标高单位以米计，其余所有单位均以毫米计。
2、±0.000相当于绝对标高的289.65。
3、建筑面积:99.66m²。
3、其他见建筑设计总说明。
图名
稳压配水井平面图（一）
图号
05
N
±0.000
-0.300
M1027
C1817
T4A09a3-33
02J401
50高素混凝土台阶
上
8360
3900
1050
1800
280
5960
5400
3400
2100
2450
1550
1000
1500
2150
1250
2000
300
800
80
200
250

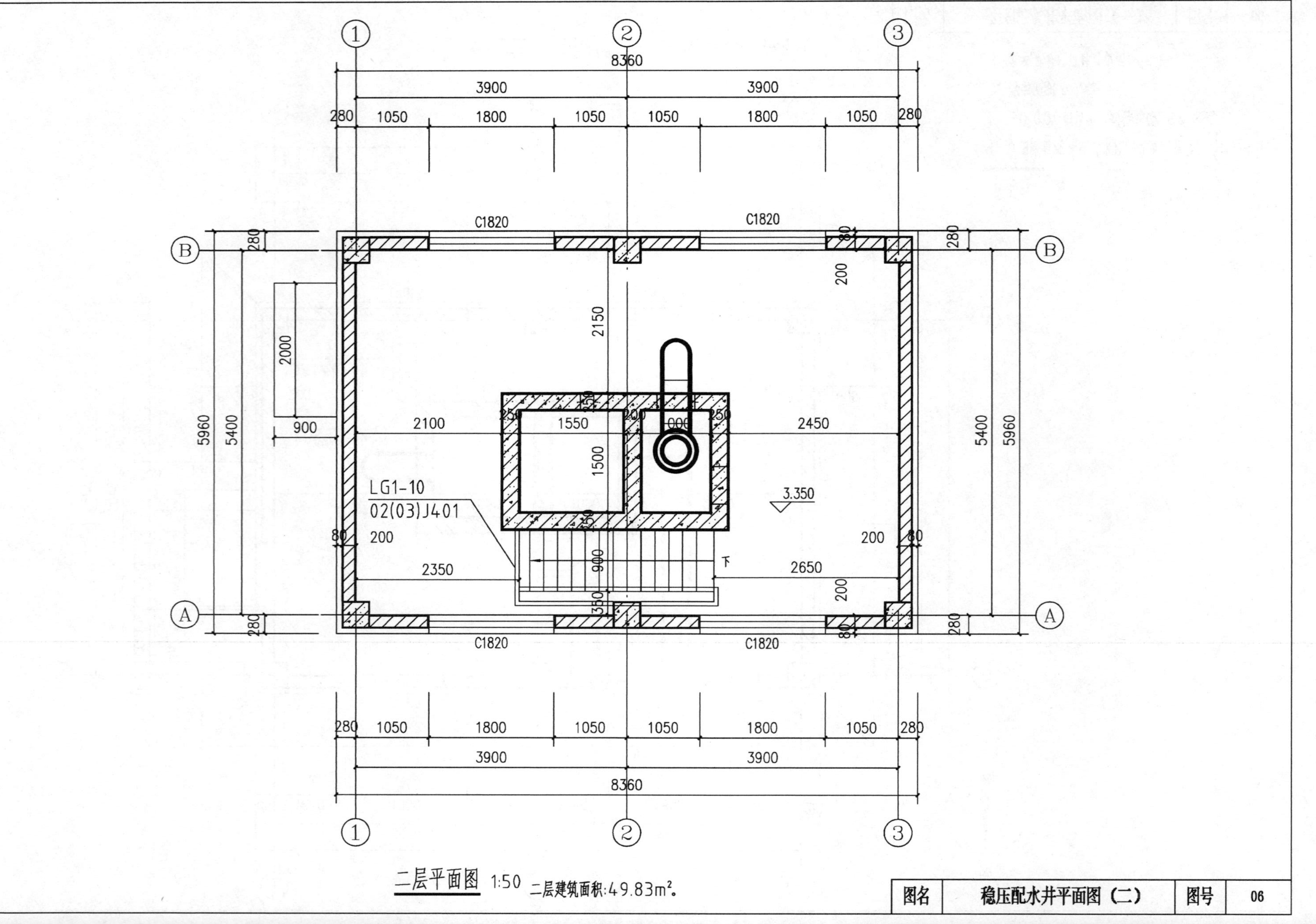

二层平面图 1:50 二层建筑面积:49.83m²。

图名	稳压配水井平面图（二）	图号	06

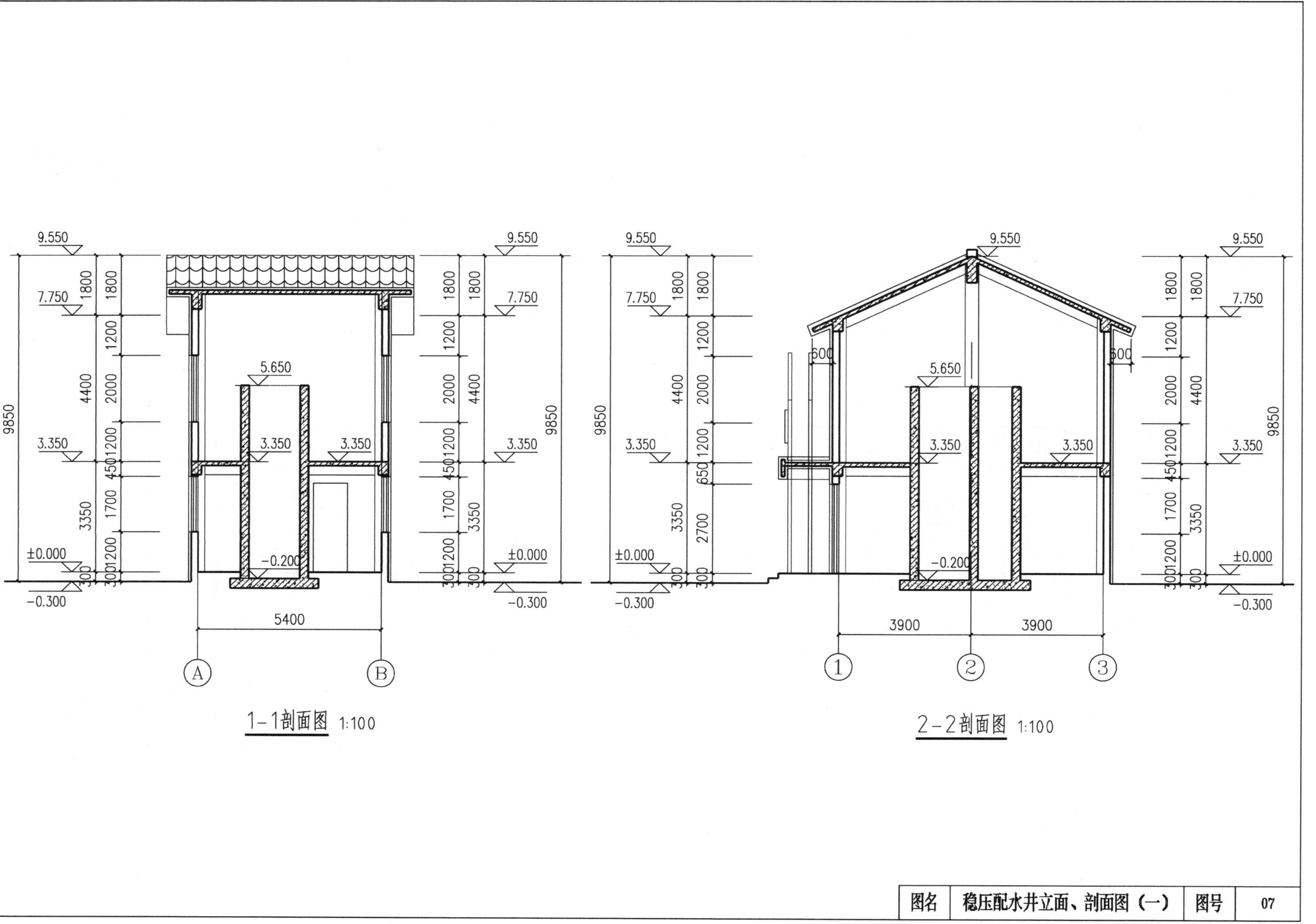
1-1剖面图 1:100
2-2剖面图 1:100
图名
稳压配水井立面、剖面图（一）
图号
07

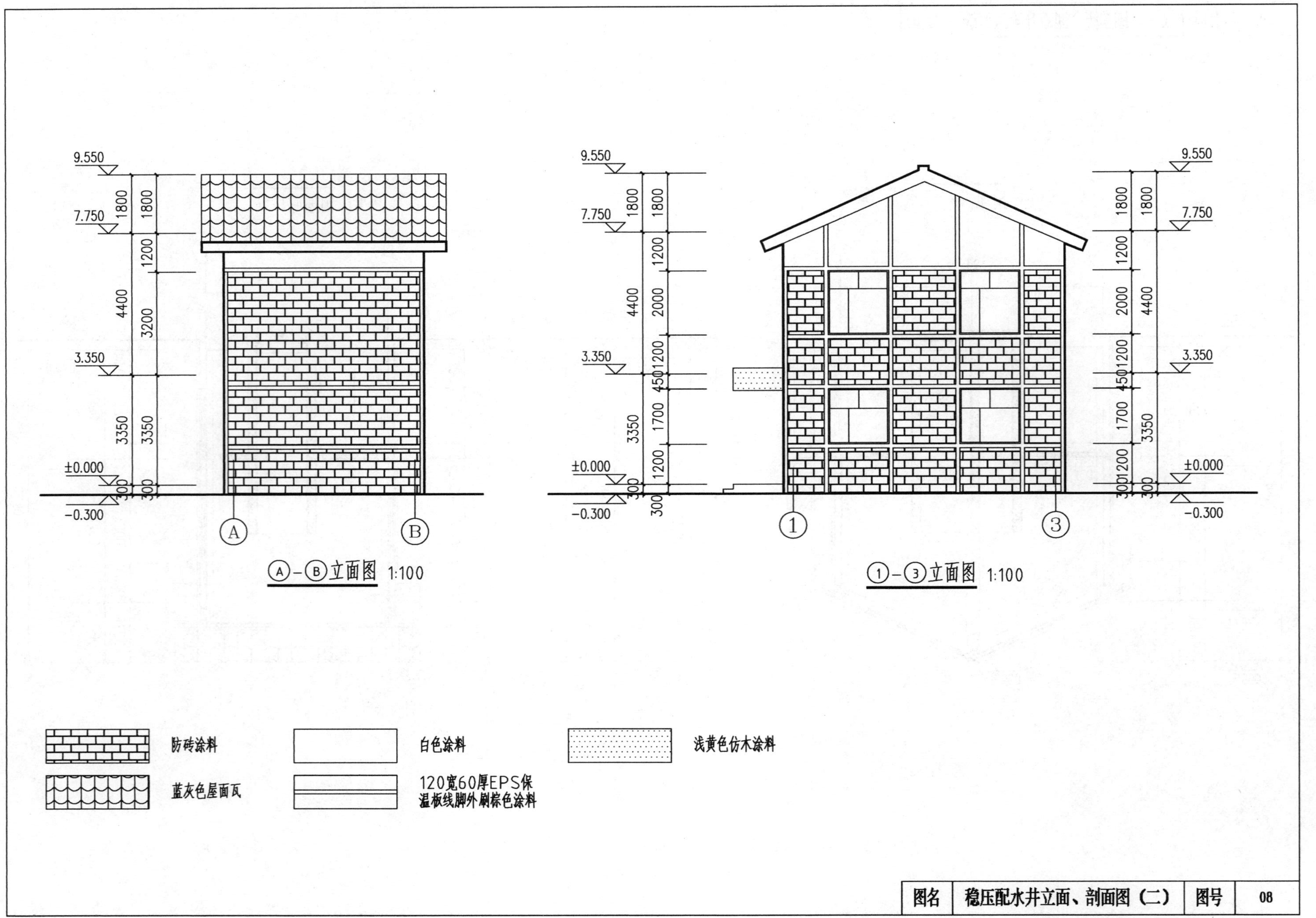

9.550
7.750
3.350
±0.000
-0.300
1800
1200
4400
3200
2000
450
1700
3350
300
A
B
1
3
Ⓐ-Ⓑ立面图 1:100
①-③立面图 1:100
防砖涂料
白色涂料
浅黄色仿木涂料
蓝灰色屋面瓦
120宽60厚EPS保
温板线脚外刷棕色涂料
图名
稳压配水井立面、剖面图（二）
图号
08

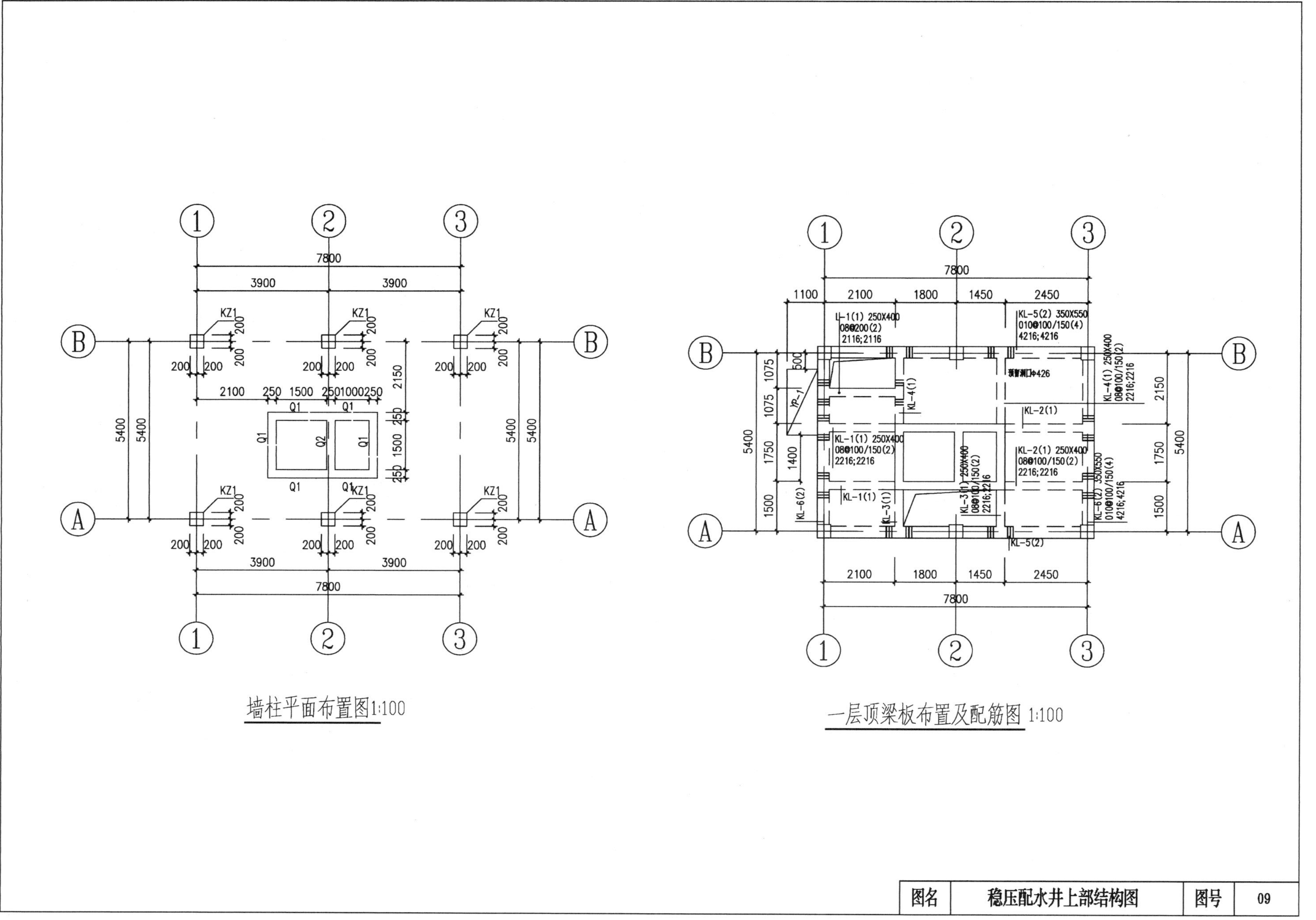

墙柱平面布置图1:100
一层顶梁板布置及配筋图 1:100
图名
稳压配水井上部结构图
图号
09

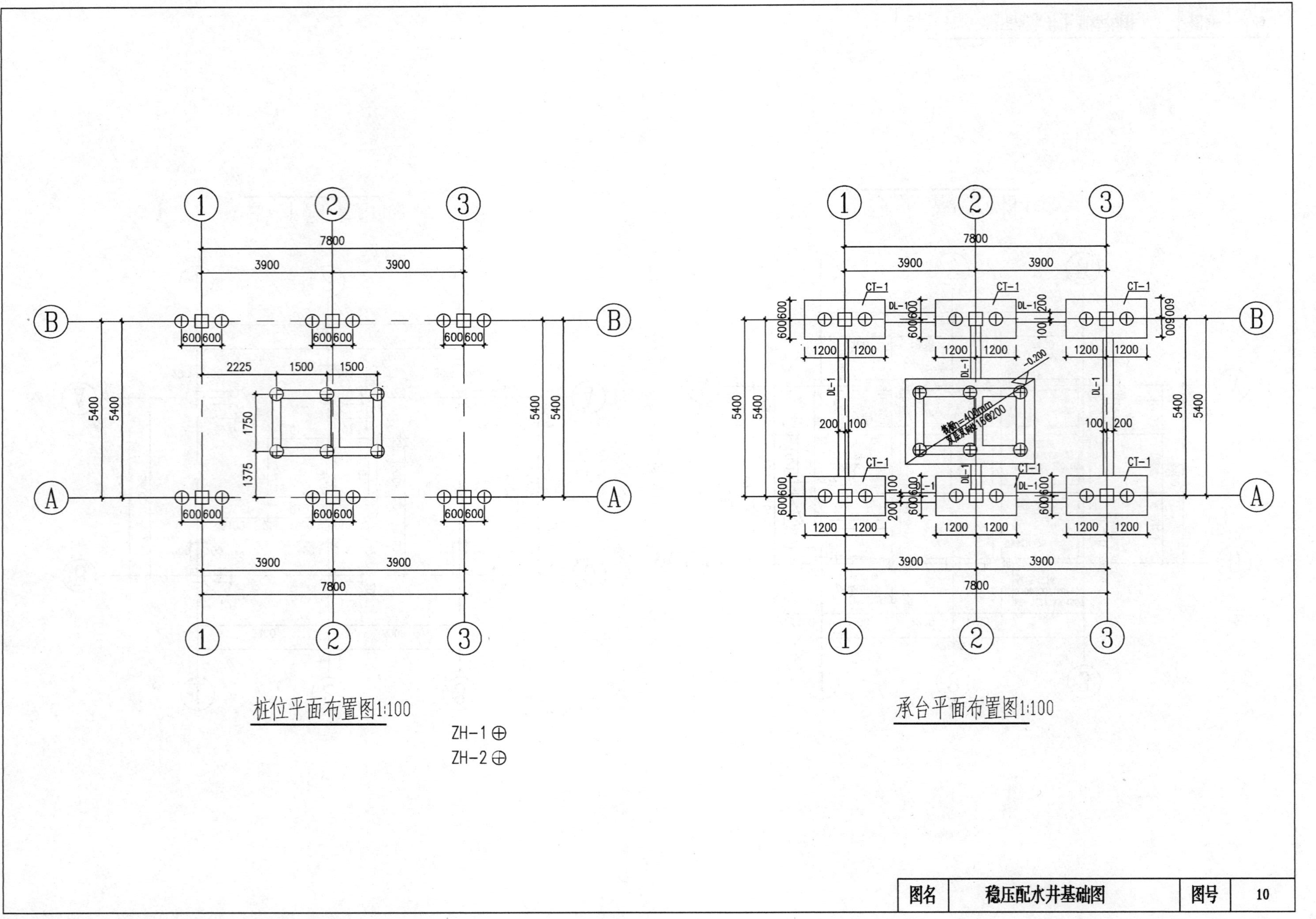

桩位平面布置图1:100
ZH-1 ⊕
ZH-2 ⊕
承台平面布置图1:100
CT-1
DL-1
-0.200
7800
3900
5400
600
1200
1500
2225
1750
1375
200
100
图名
稳压配水井基础图
图号
10

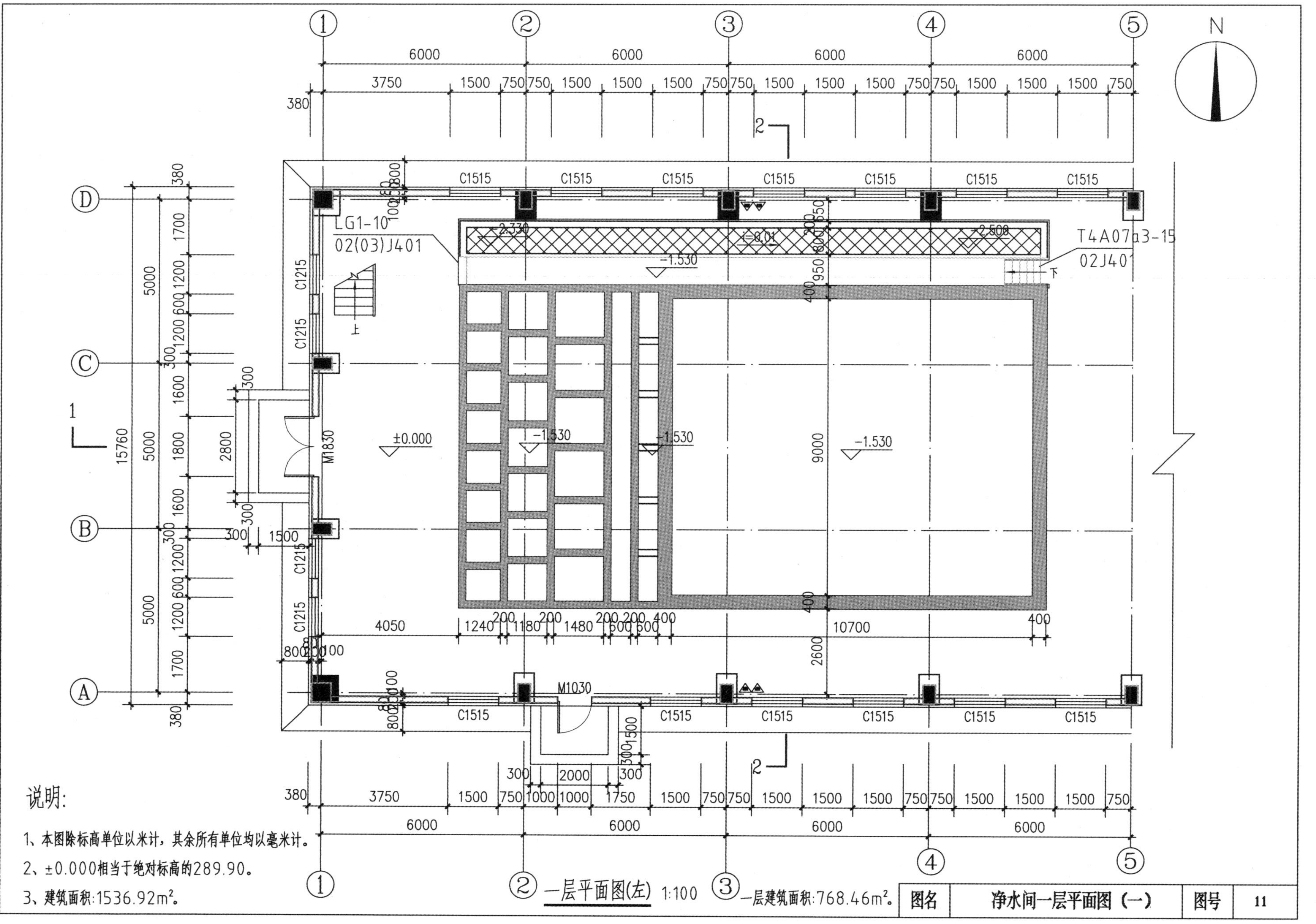

一层平面图(左) 1:100　一层建筑面积:768.46m²。

说明:

1、本图除标高单位以米计，其余所有单位均以毫米计。

2、±0.000相当于绝对标高的289.90。

3、建筑面积:1536.92m²。

图名	净水间一层平面图（一）	图号	11

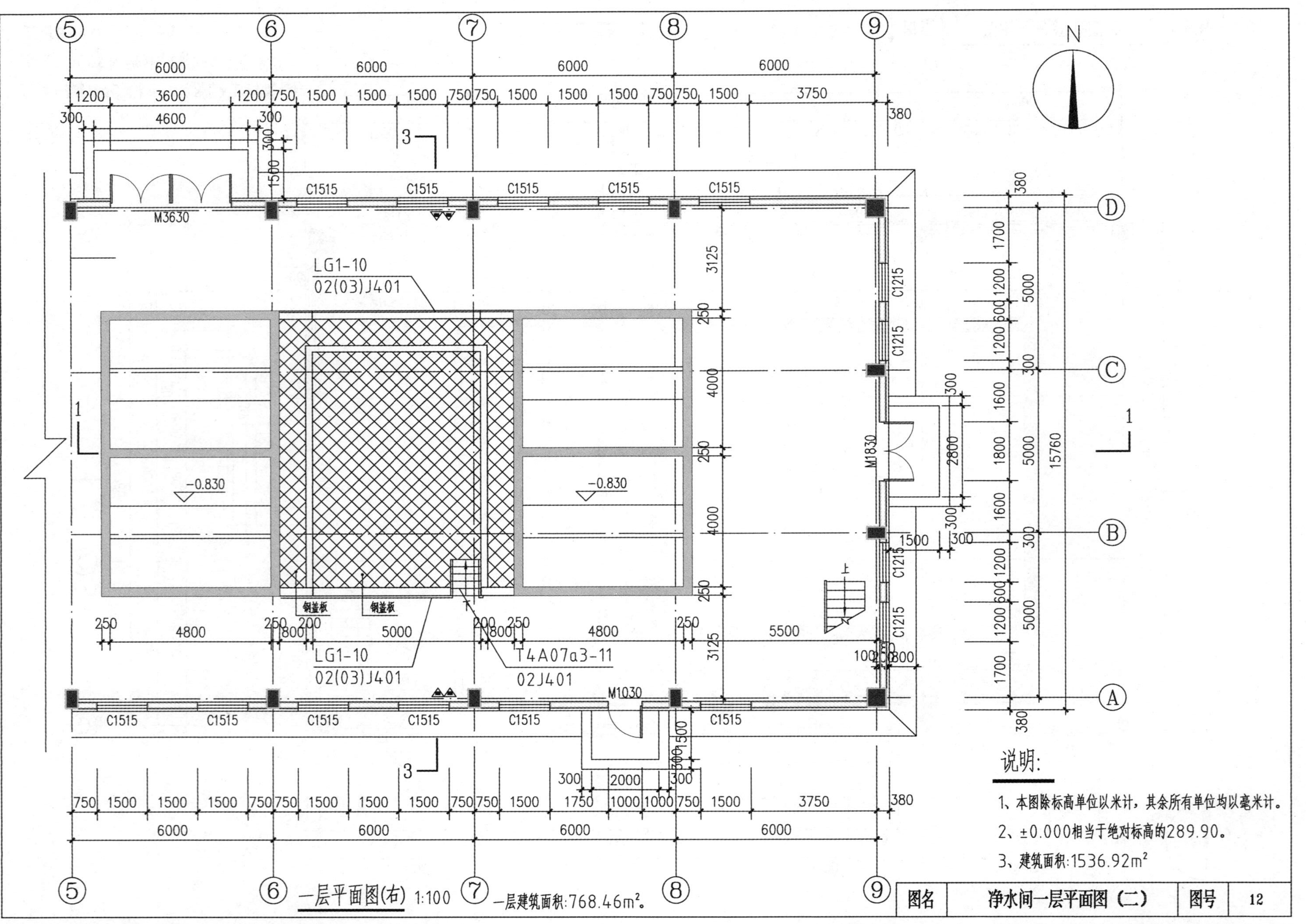

N
一层平面图(右) 1:100
一层建筑面积:768.46m²。
说明:
1、本图除标高单位以米计，其余所有单位均以毫米计。
2、±0.000相当于绝对标高的289.90。
3、建筑面积:1536.92m²
图名
净水间一层平面图（二）
图号
12

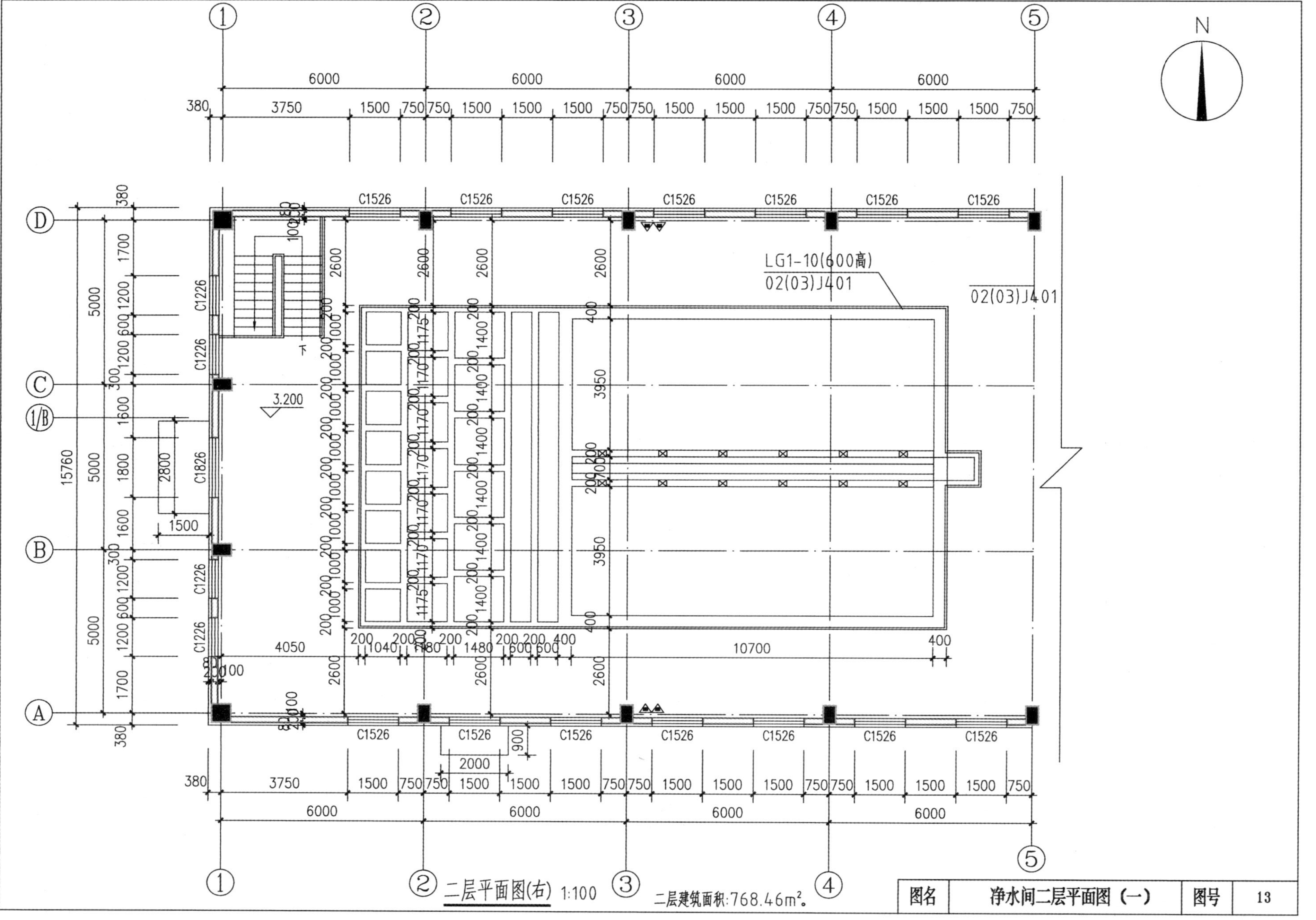

LG1-10(600高)
02(03)J401
02(03)J401
3.200
二层平面图(右) 1:100
二层建筑面积:768.46m²。
图名
净水间二层平面图（一）
图号
13

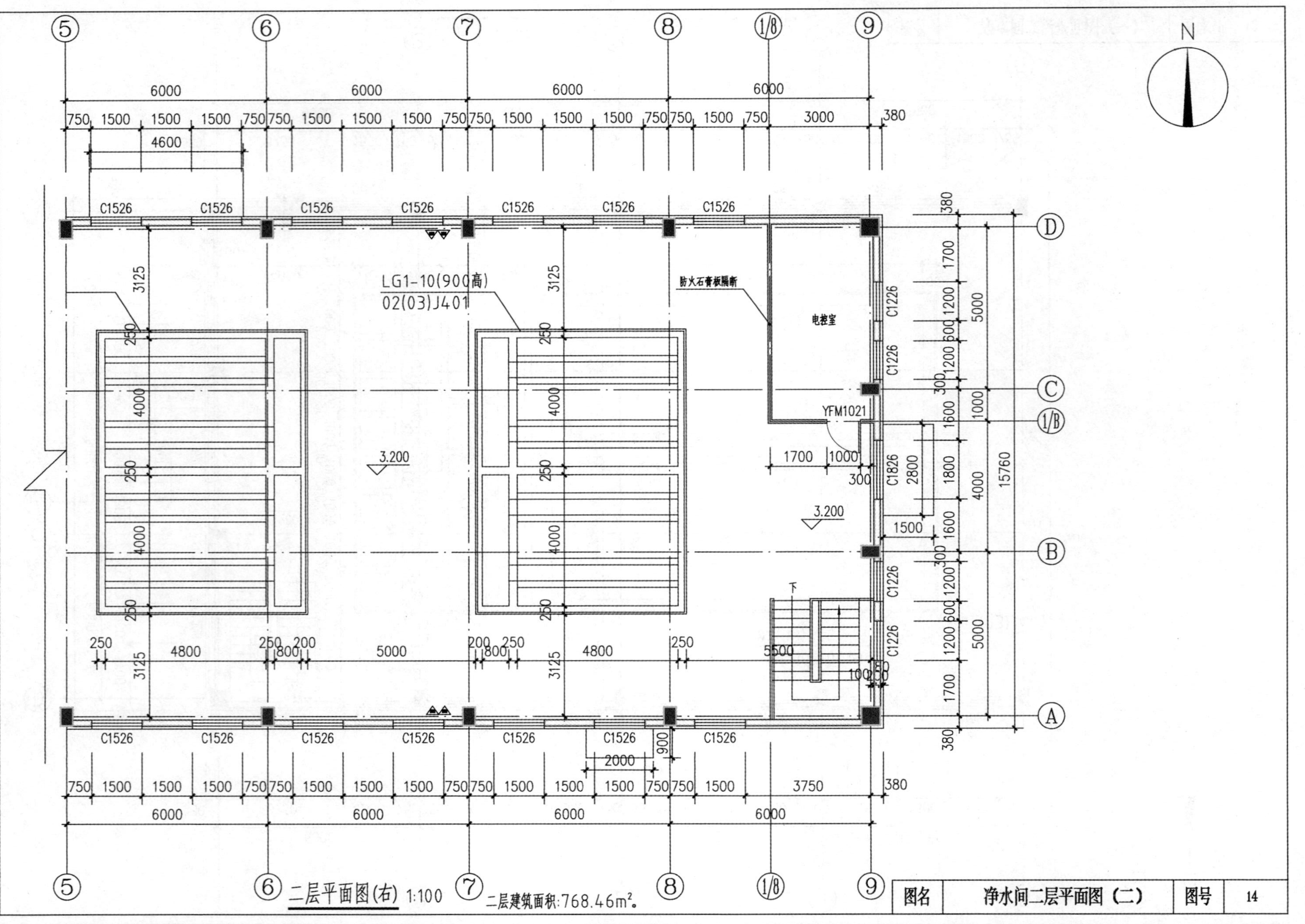

二层平面图(右) 1:100
二层建筑面积:768.46m²。
图名
净水间二层平面图(二)
图号
14
电控室
防火石膏板隔断
YFM1021
LG1-10(900高)
02(03)J401

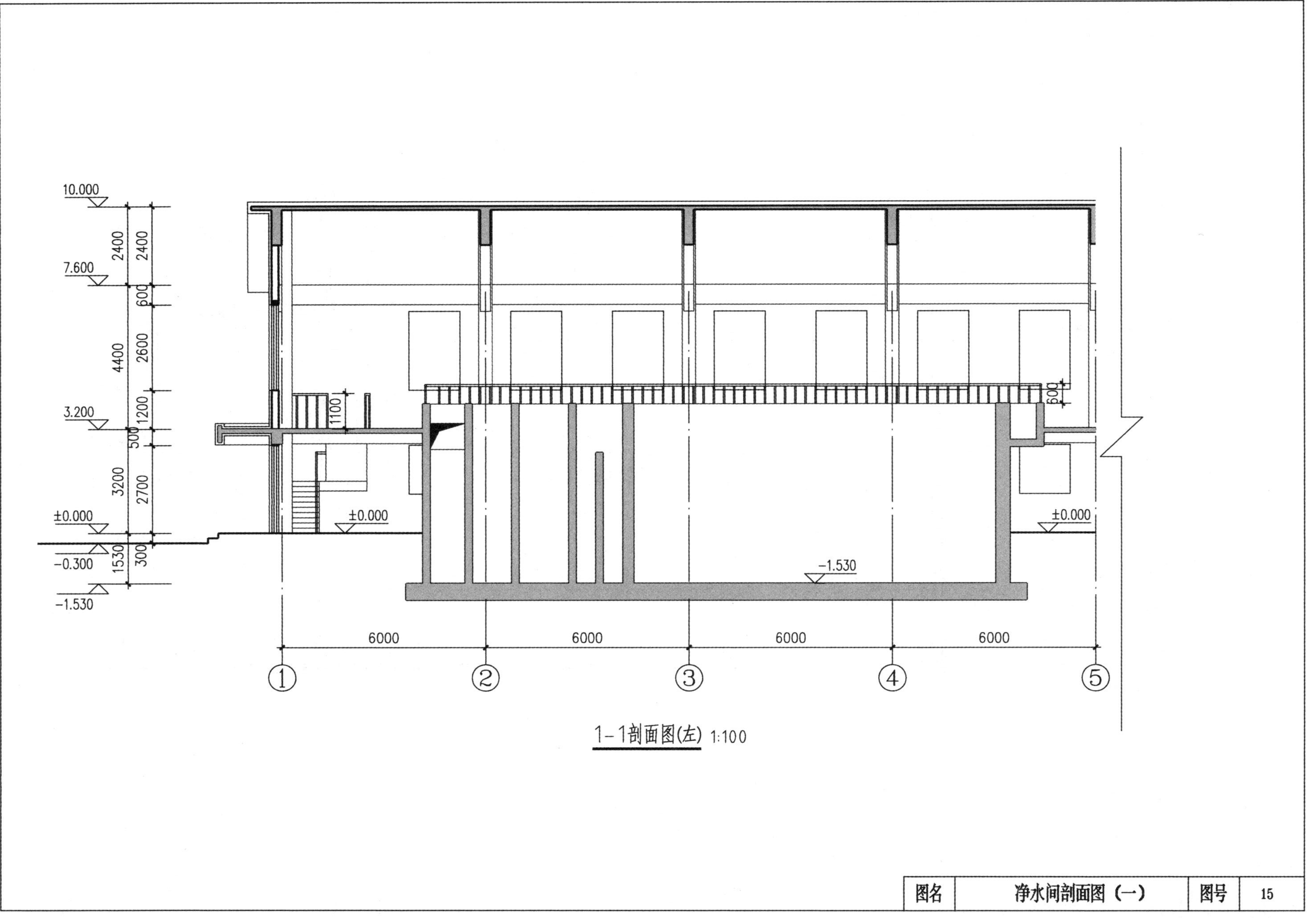

1-1剖面图(左) 1:100

图名	净水间剖面图（一）	图号	15

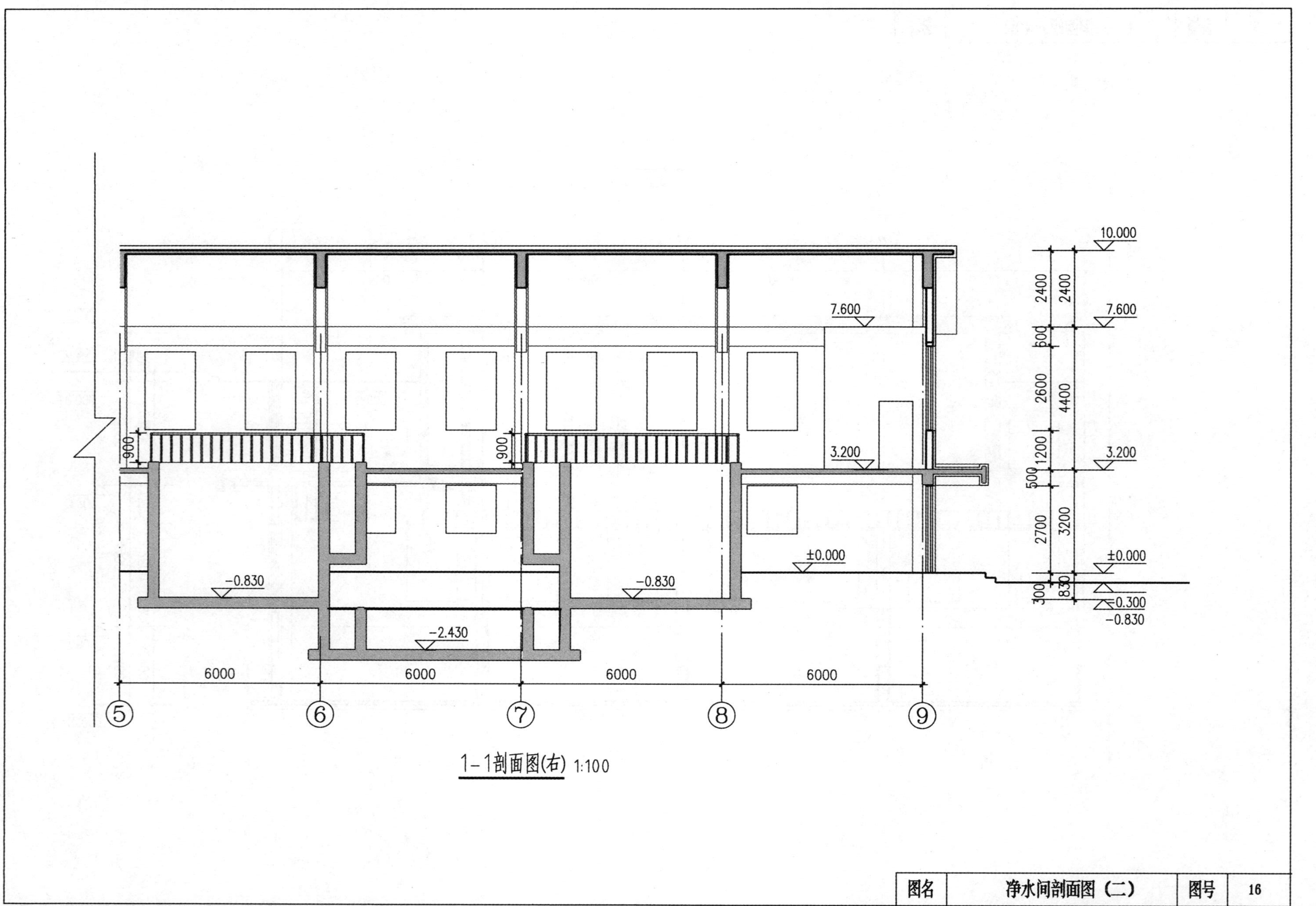
10.000
7.600
3.200
±0.000
-0.300
-0.830
2400
4400
3200
830
600
2600
1200
500
2700
300
7.600
3.200
±0.000
-0.830
-0.830
-2.430
900
900
6000
6000
6000
6000
5
6
7
8
9
图名
净水间剖面图（二）
图号
16

1-1剖面图(右) 1:100

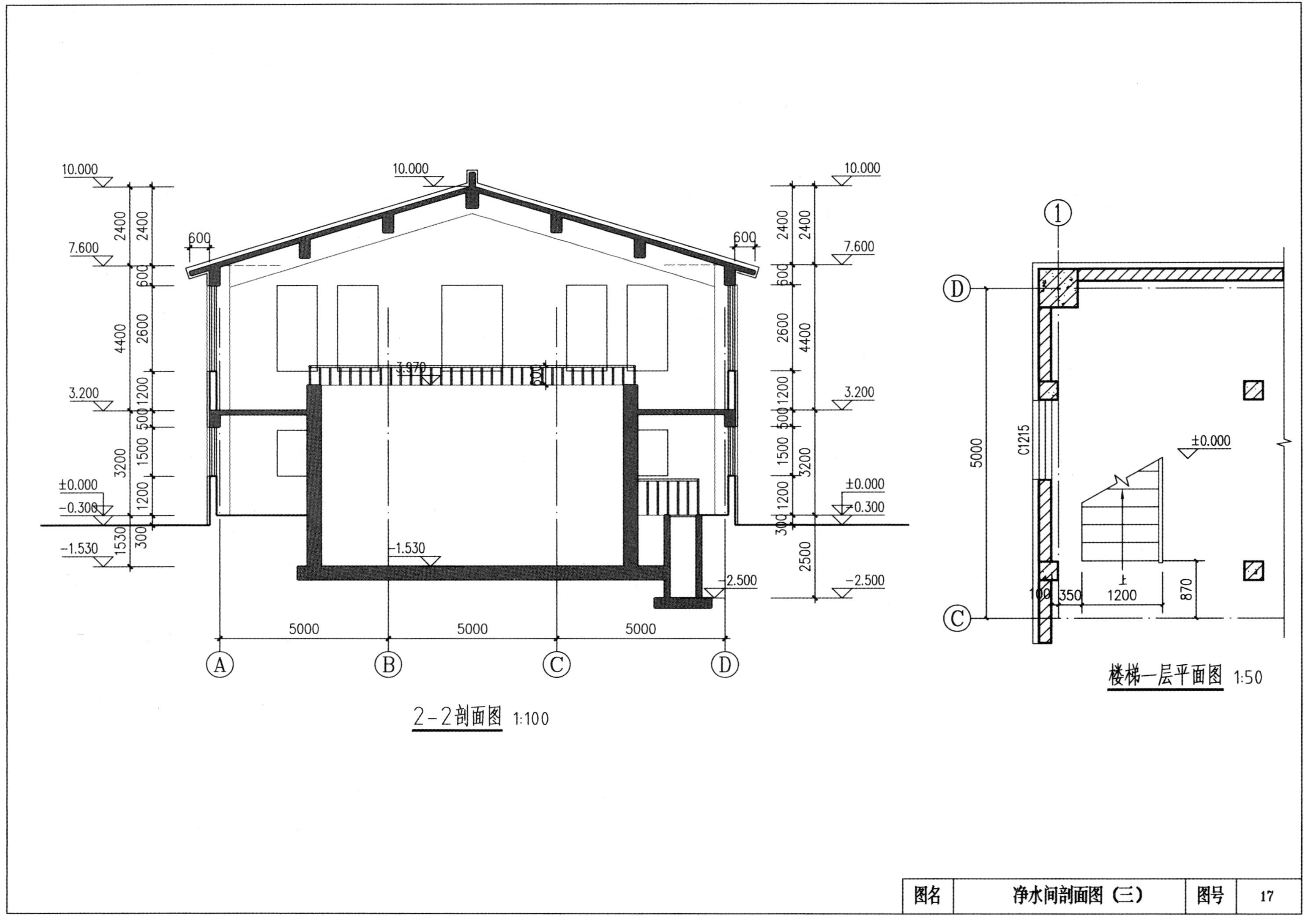

2-2剖面图 1:100
楼梯一层平面图 1:50
图名
净水间剖面图(三)
图号
17

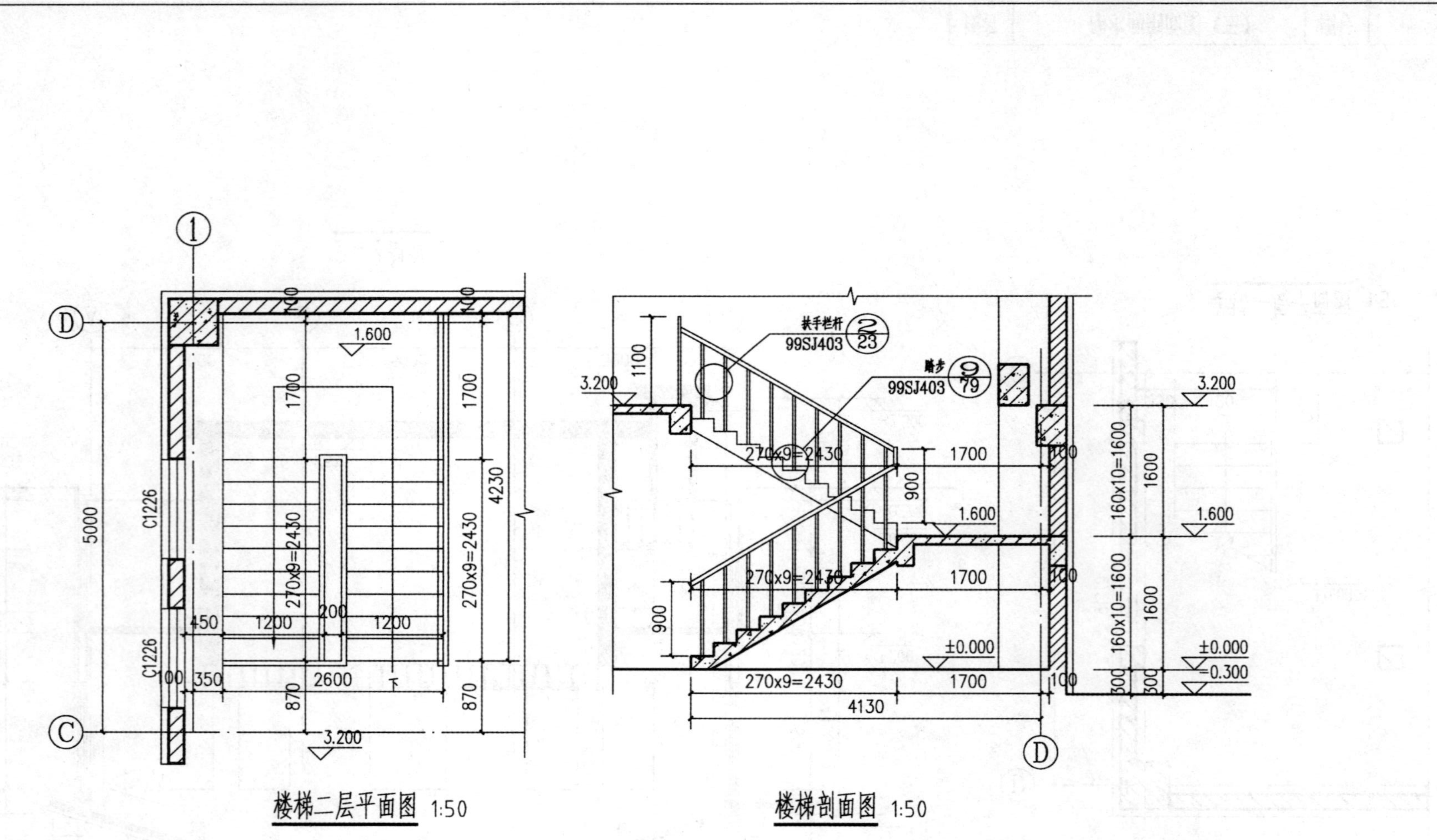

楼梯二层平面图 1:50

楼梯剖面图 1:50

图名	净水间剖面图（四）	图号	18

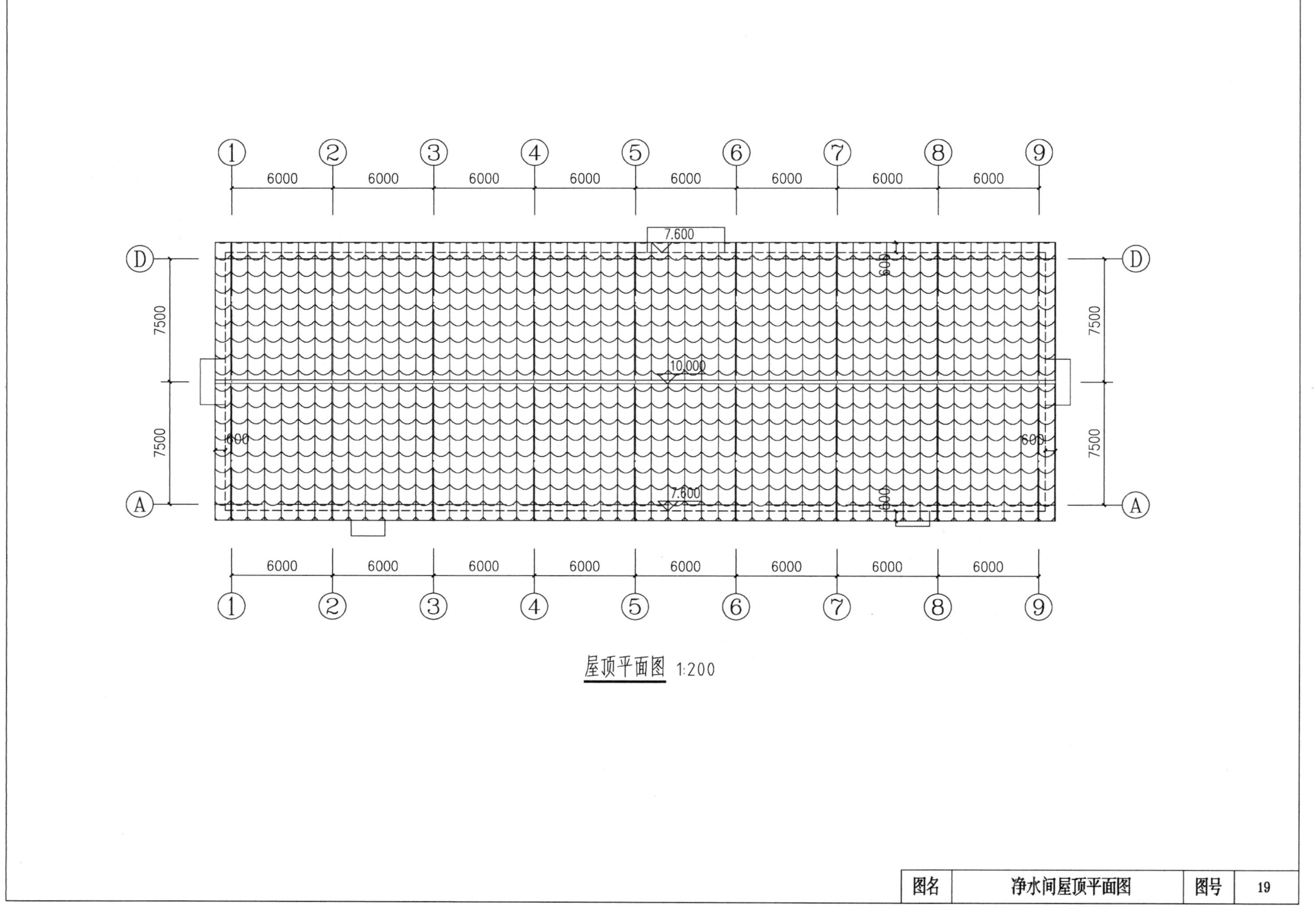
1
2
3
4
5
6
7
8
9
6000
D
A
7500
7.600
10.000
600
屋顶平面图 1:200
图名
净水间屋顶平面图
图号
19

10.000

7.600

3.200

±0.000

−0.300

2400 2400 600 4400 2600 1200 3200 500 1500 1200 300 300

600

Ⓐ Ⓓ

Ⓐ－Ⓓ立面图 1:100

图例	说明
（砖纹）	防砖涂料
（瓦纹）	蓝灰色屋面瓦
（点纹）	浅黄色仿木涂料
（空白）	白色涂料
（双线）	120宽60厚EPS保温板线脚外刷棕色涂料

图名	净水间立面图（一）	图号	20

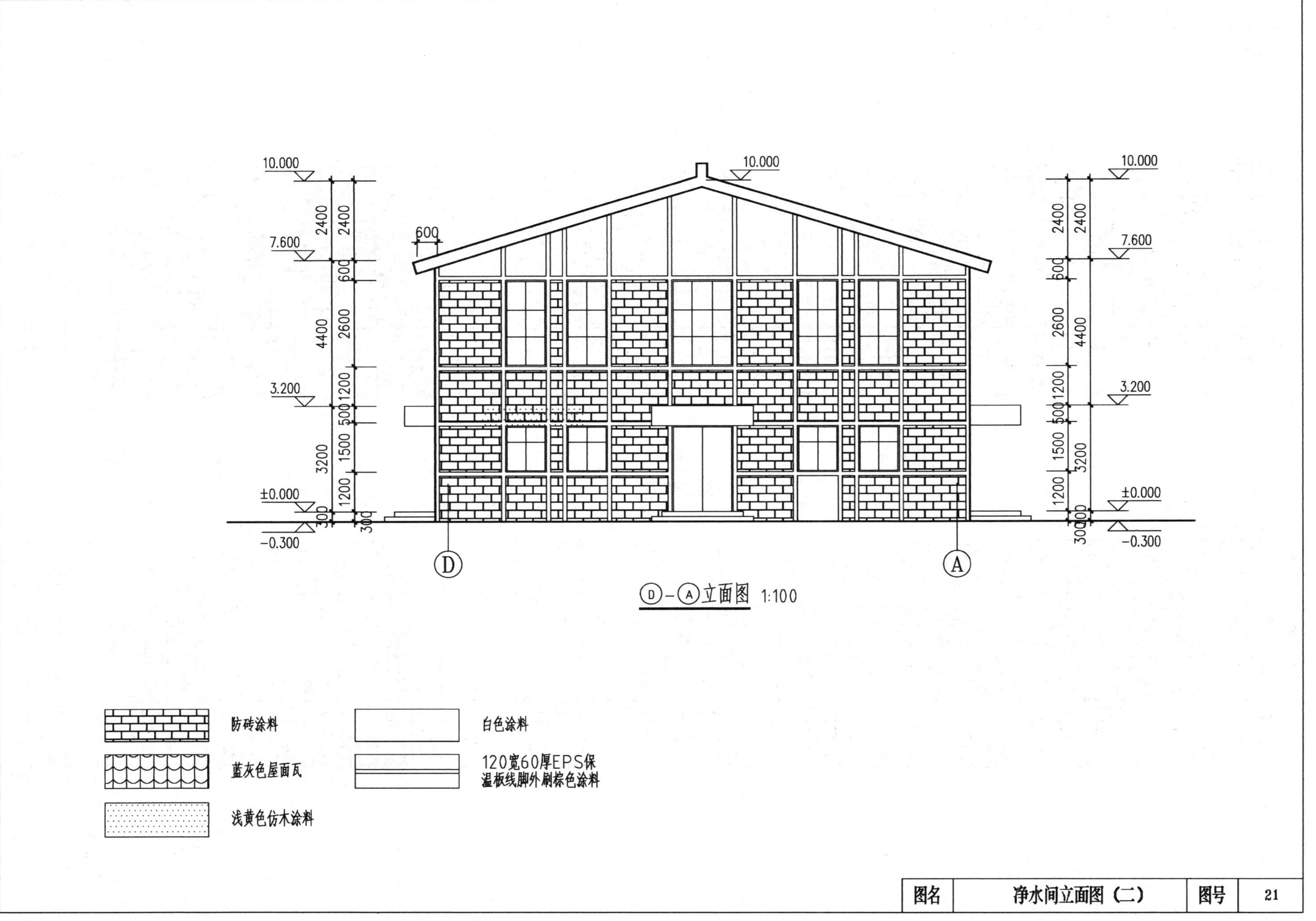

Ⓓ-Ⓐ立面图 1:100

图名	净水间立面图（二）	图号	21

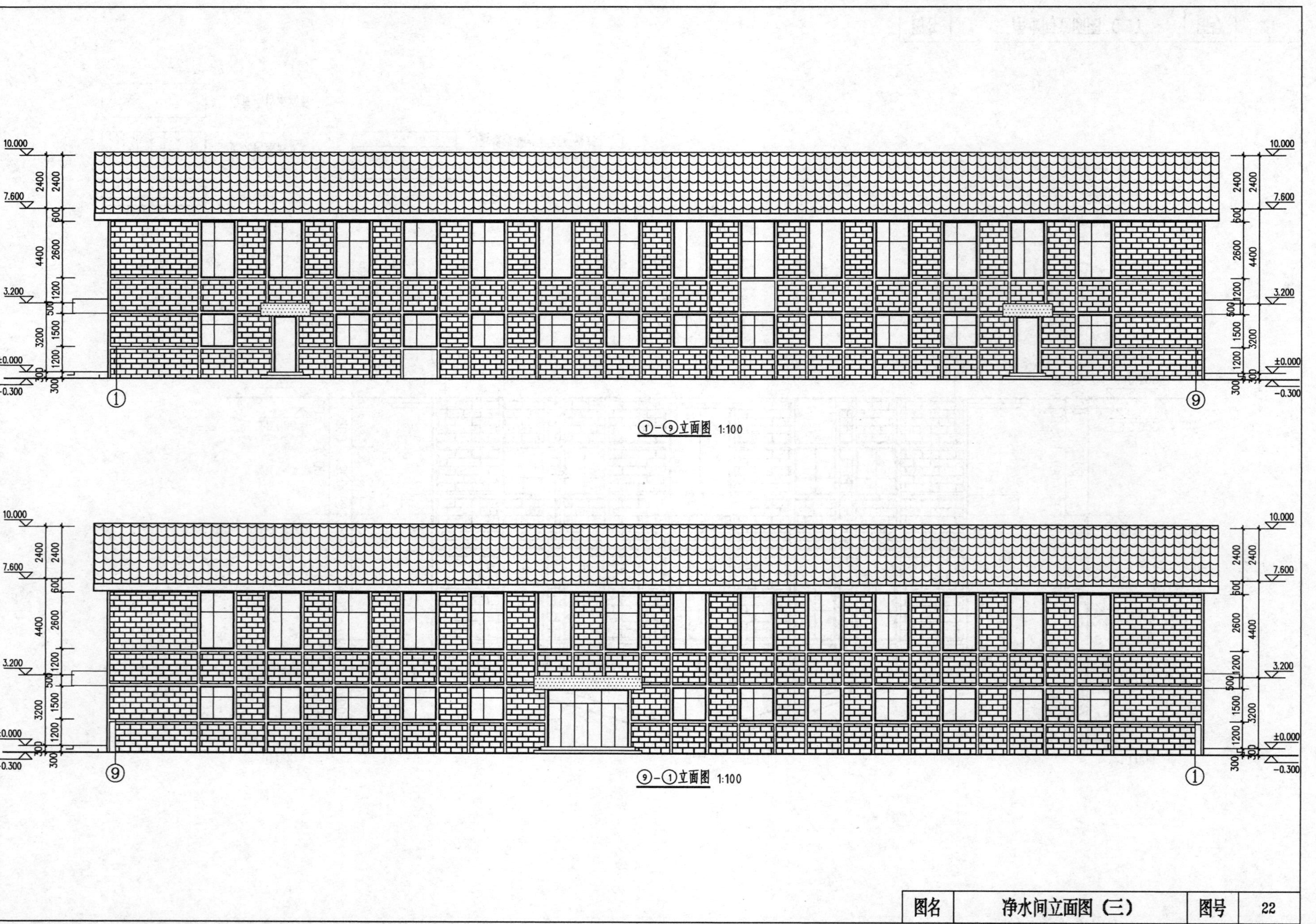
10.000
7.600
3.200
±0.000
-0.300
①-⑨立面图 1:100
⑨-①立面图 1:100
图名
净水间立面图（三）
图号
22

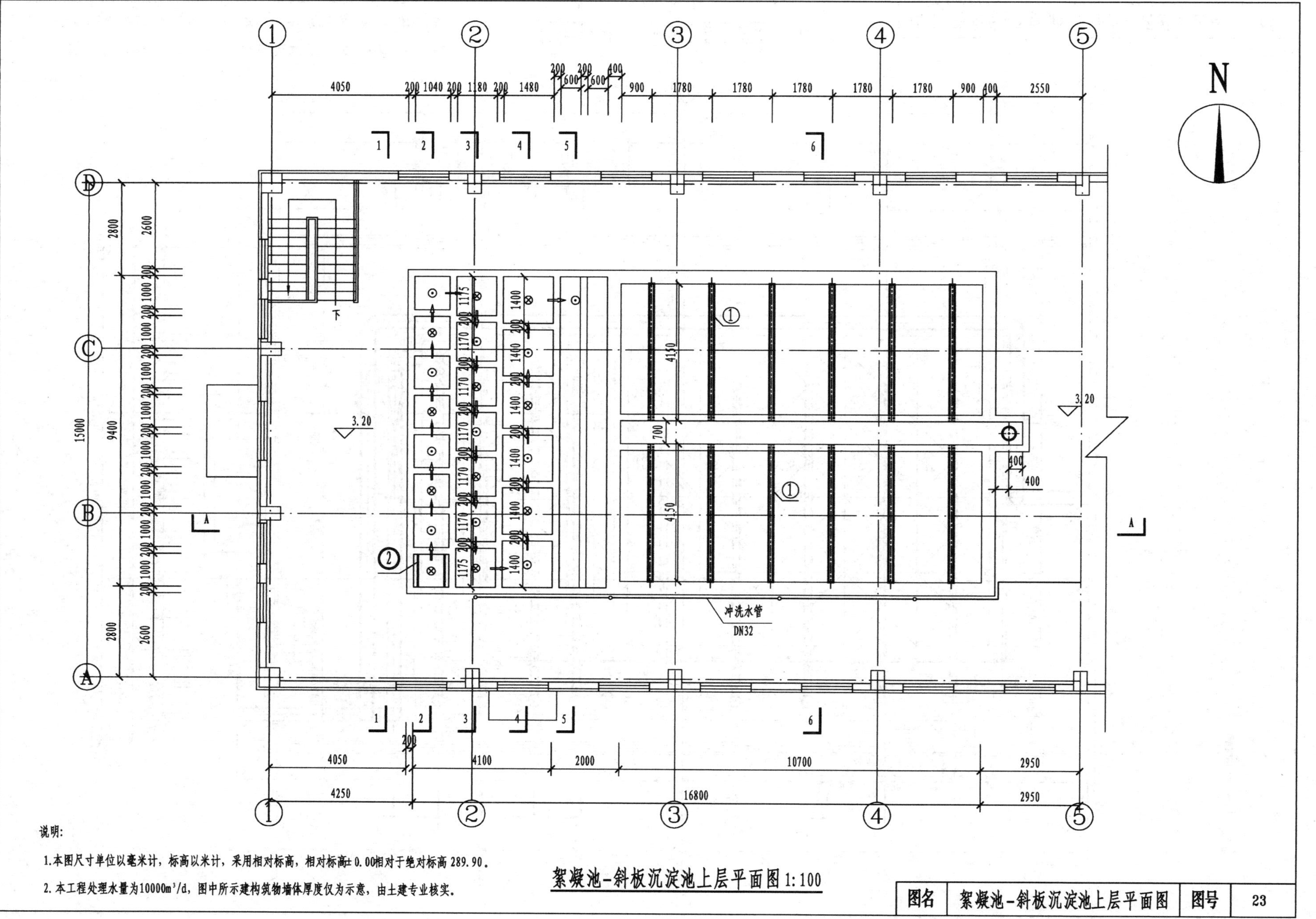

絮凝池-斜板沉淀池上层平面图 1:100

说明:

1. 本图尺寸单位以毫米计，标高以米计，采用相对标高，相对标高±0.00相对于绝对标高 289.90。
2. 本工程处理水量为10000m³/d，图中所示建构筑物墙体厚度仅为示意，由土建专业核实。

图名	絮凝池-斜板沉淀池上层平面图	图号	23

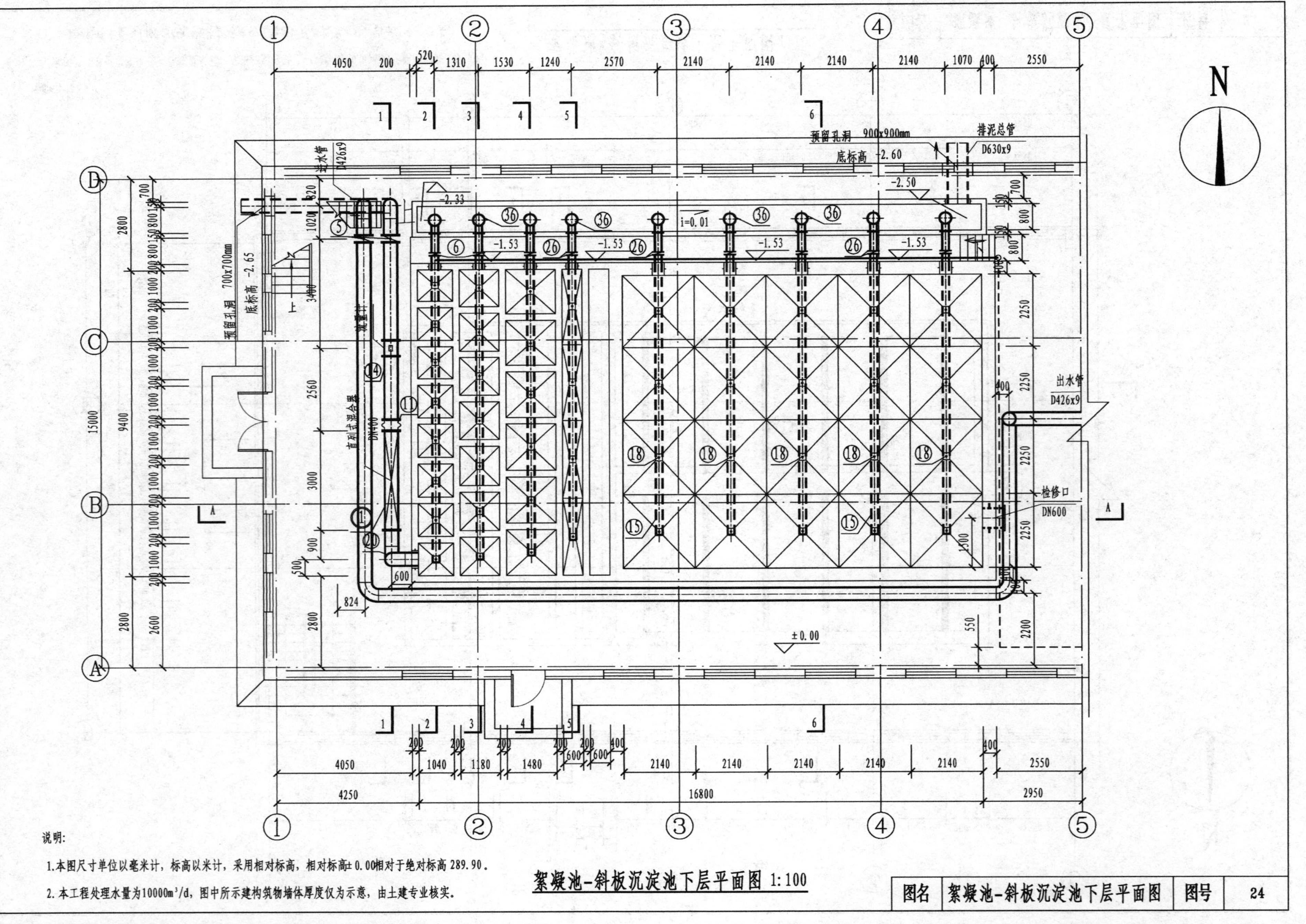

说明:

1.本图尺寸单位以毫米计，标高以米计，采用相对标高，相对标高±0.00相对于绝对标高289.90。

2.本工程处理水量为10000m³/d，图中所示建构筑物墙体厚度仅为示意，由土建专业核实。

絮凝池-斜板沉淀池下层平面图 1:100

图名	絮凝池-斜板沉淀池下层平面图	图号	24

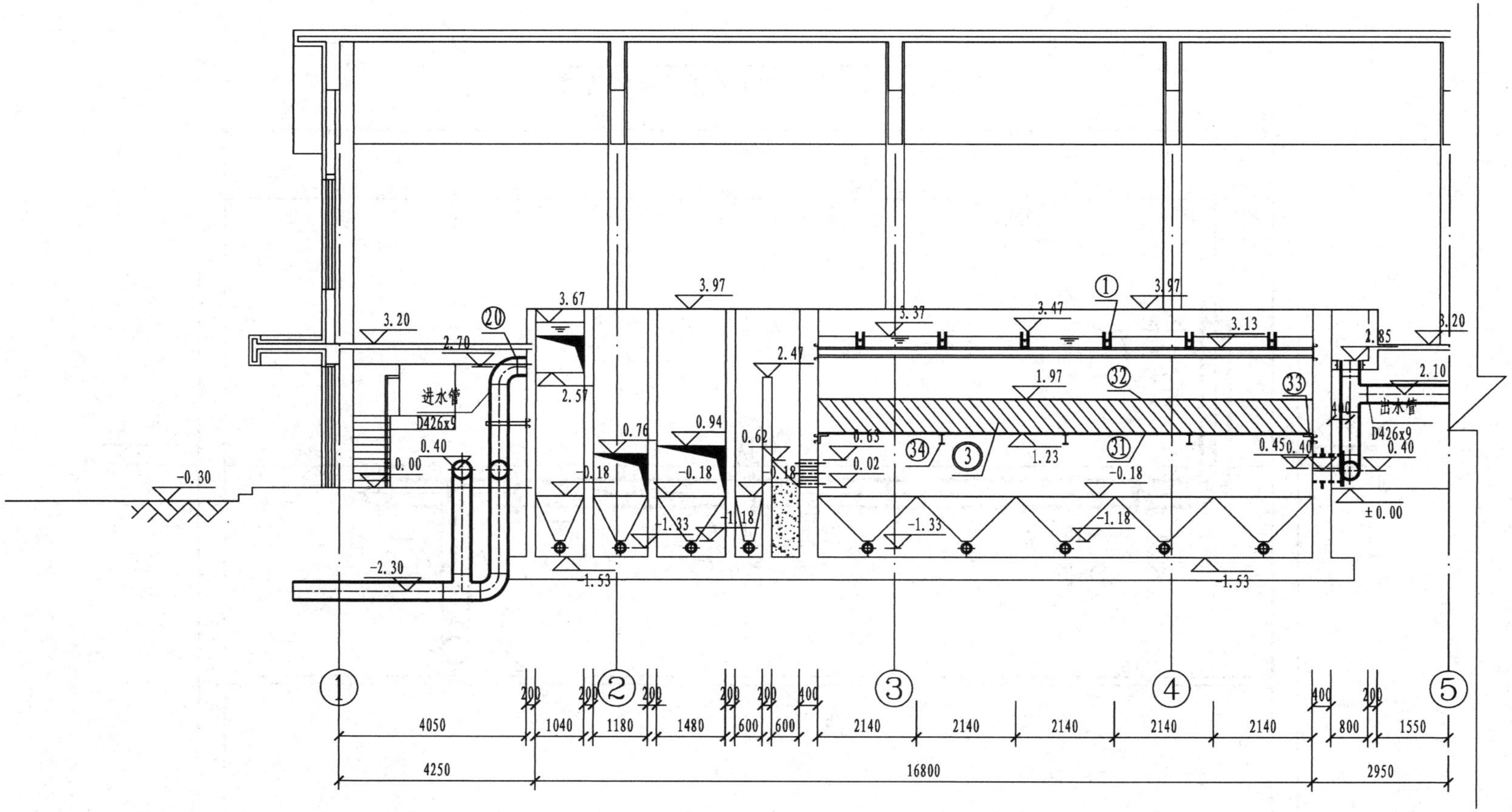

絮凝池-斜板沉淀池A-A剖面图1:100

说明:

1.本图尺寸单位以毫米计，标高以米计，采用相对标高，相对标高±0.00相对于绝对标高289.90。

2.本工程处理水量为10000m³/d，图中所示建构筑物墙体厚度仅为示意，由土建专业核实。

图名	絮凝池-斜板沉淀池A-A剖面图	图号	25

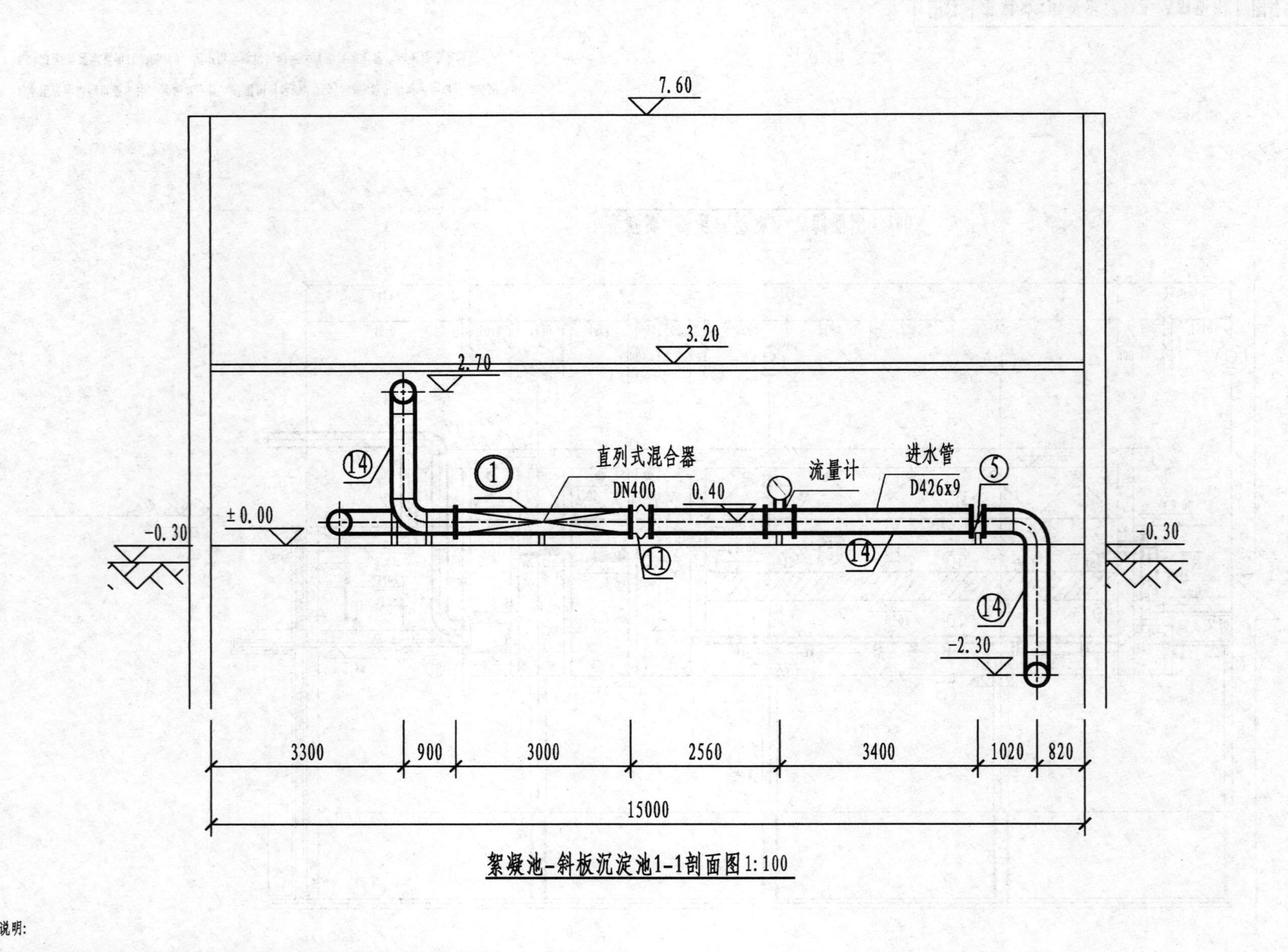

絮凝池-斜板沉淀池1-1剖面图1:100

说明：

1. 本图尺寸单位以毫米计，标高以米计，采用相对标高，相对标高±0.00相对于绝对标高289.90。

2. 本工程处理水量为10000m³/d，图中所示建构筑物墙体厚度仅为示意，由土建专业核实。

图名	絮凝池-斜板沉淀池1-1剖面图	图号	26

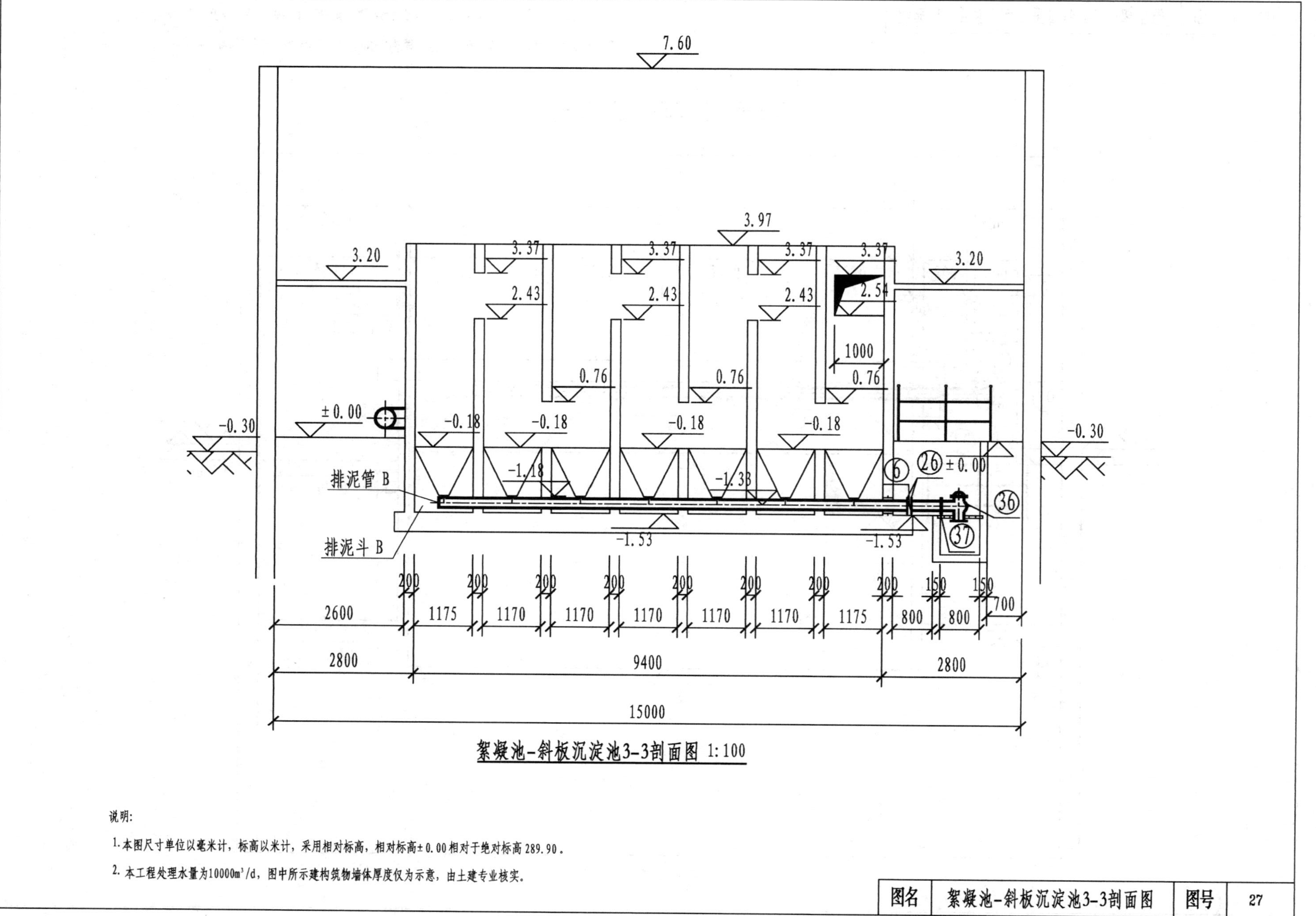

絮凝池-斜板沉淀池3-3剖面图 1:100

说明:

1. 本图尺寸单位以毫米计，标高以米计，采用相对标高，相对标高±0.00相对于绝对标高289.90。

2. 本工程处理水量为10000m³/d，图中所示建构筑物墙体厚度仅为示意，由土建专业核实。

图名	絮凝池-斜板沉淀池3-3剖面图	图号	27

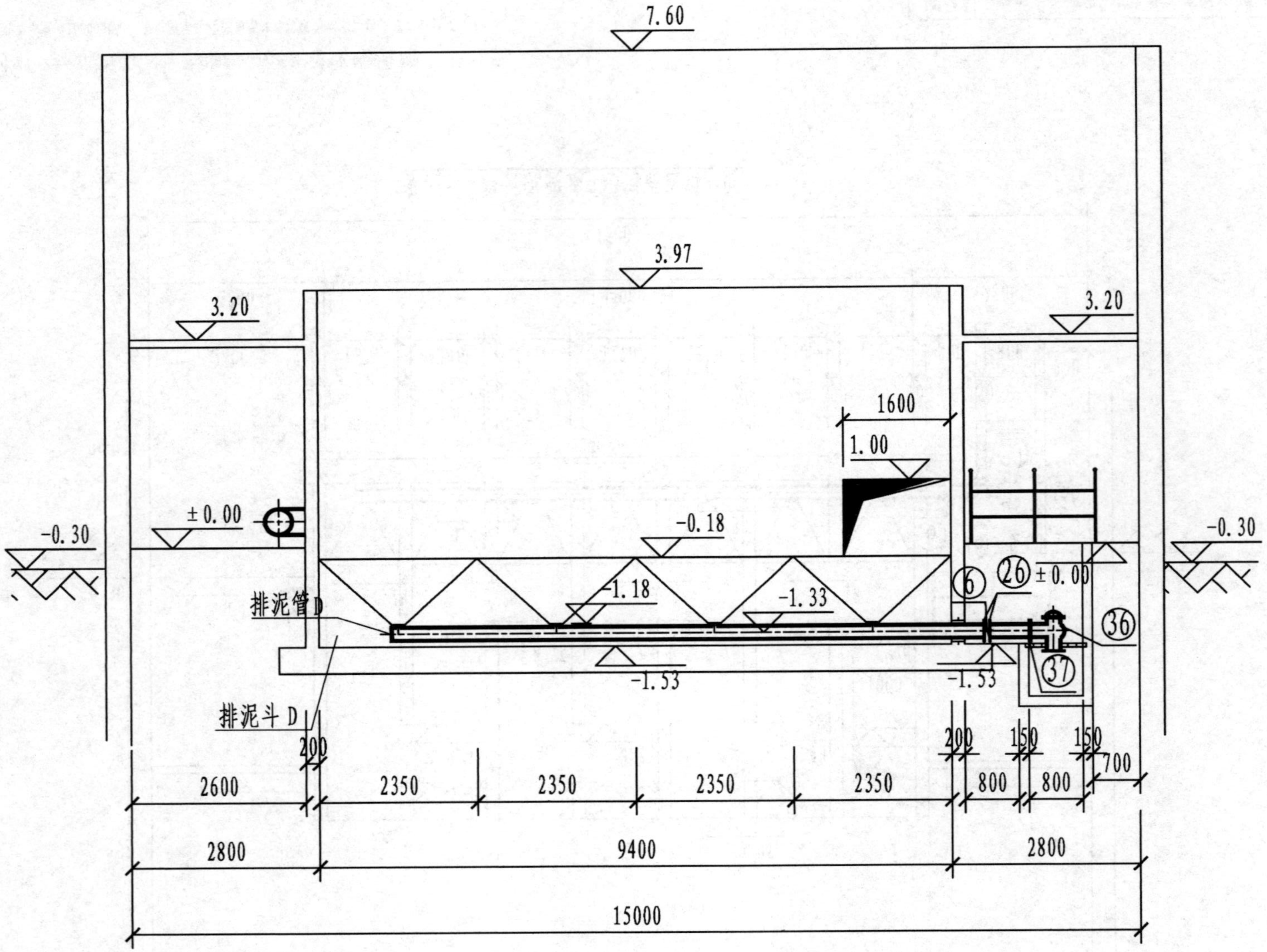

絮凝池-斜板沉淀池5-5剖面图 1:100

说明:

1. 本图尺寸单位以毫米计，标高以米计，采用相对标高，相对标高±0.00相对于绝对标高289.90。

2. 本工程处理水量为10000m³/d，图中所示建构筑物墙体厚度仅为示意，由土建专业核实。

图名	絮凝池-斜板沉淀池5-5剖面图	图号	28

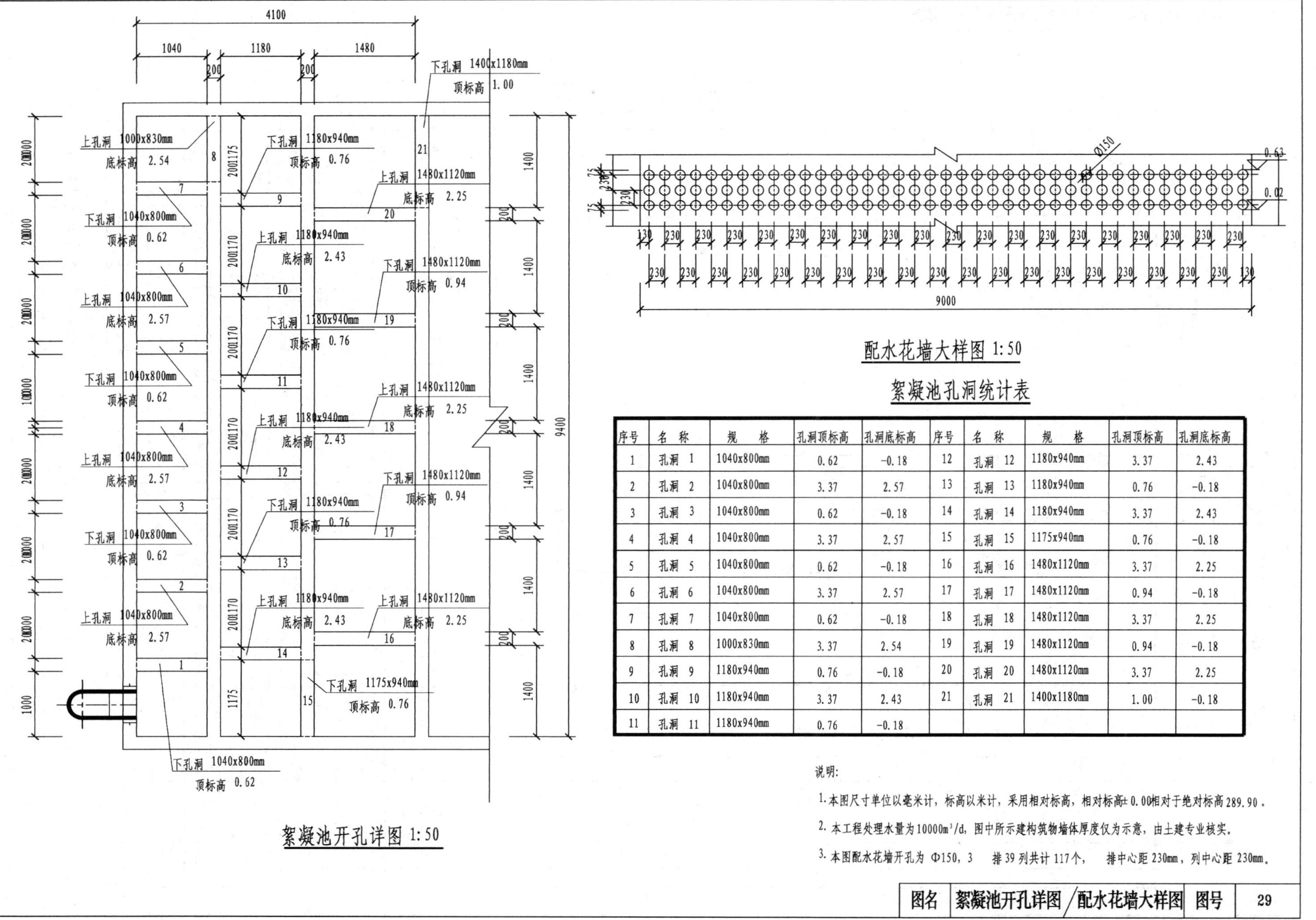

絮凝池开孔详图 1:50

配水花墙大样图 1:50

絮凝池孔洞统计表

序号	名 称	规 格	孔洞顶标高	孔洞底标高	序号	名 称	规 格	孔洞顶标高	孔洞底标高
1	孔洞 1	1040x800mm	0.62	-0.18	12	孔洞 12	1180x940mm	3.37	2.43
2	孔洞 2	1040x800mm	3.37	2.57	13	孔洞 13	1180x940mm	0.76	-0.18
3	孔洞 3	1040x800mm	0.62	-0.18	14	孔洞 14	1180x940mm	3.37	2.43
4	孔洞 4	1040x800mm	3.37	2.57	15	孔洞 15	1175x940mm	0.76	-0.18
5	孔洞 5	1040x800mm	0.62	-0.18	16	孔洞 16	1480x1120mm	3.37	2.25
6	孔洞 6	1040x800mm	3.37	2.57	17	孔洞 17	1480x1120mm	0.94	-0.18
7	孔洞 7	1040x800mm	0.62	-0.18	18	孔洞 18	1480x1120mm	3.37	2.25
8	孔洞 8	1000x830mm	3.37	2.54	19	孔洞 19	1480x1120mm	0.94	-0.18
9	孔洞 9	1180x940mm	0.76	-0.18	20	孔洞 20	1480x1120mm	3.37	2.25
10	孔洞 10	1180x940mm	3.37	2.43	21	孔洞 21	1400x1180mm	1.00	-0.18
11	孔洞 11	1180x940mm	0.76	-0.18					

说明:

1. 本图尺寸单位以毫米计，标高以米计，采用相对标高，相对标高±0.00相对于绝对标高289.90。
2. 本工程处理水量为10000m³/d，图中所示建构筑物墙体厚度仅为示意，由土建专业核实。
3. 本图配水花墙开孔为 Φ150，3 排 39 列共计 117个， 排中心距 230mm，列中心距 230mm。

图名	絮凝池开孔详图/配水花墙大样图	图号	29

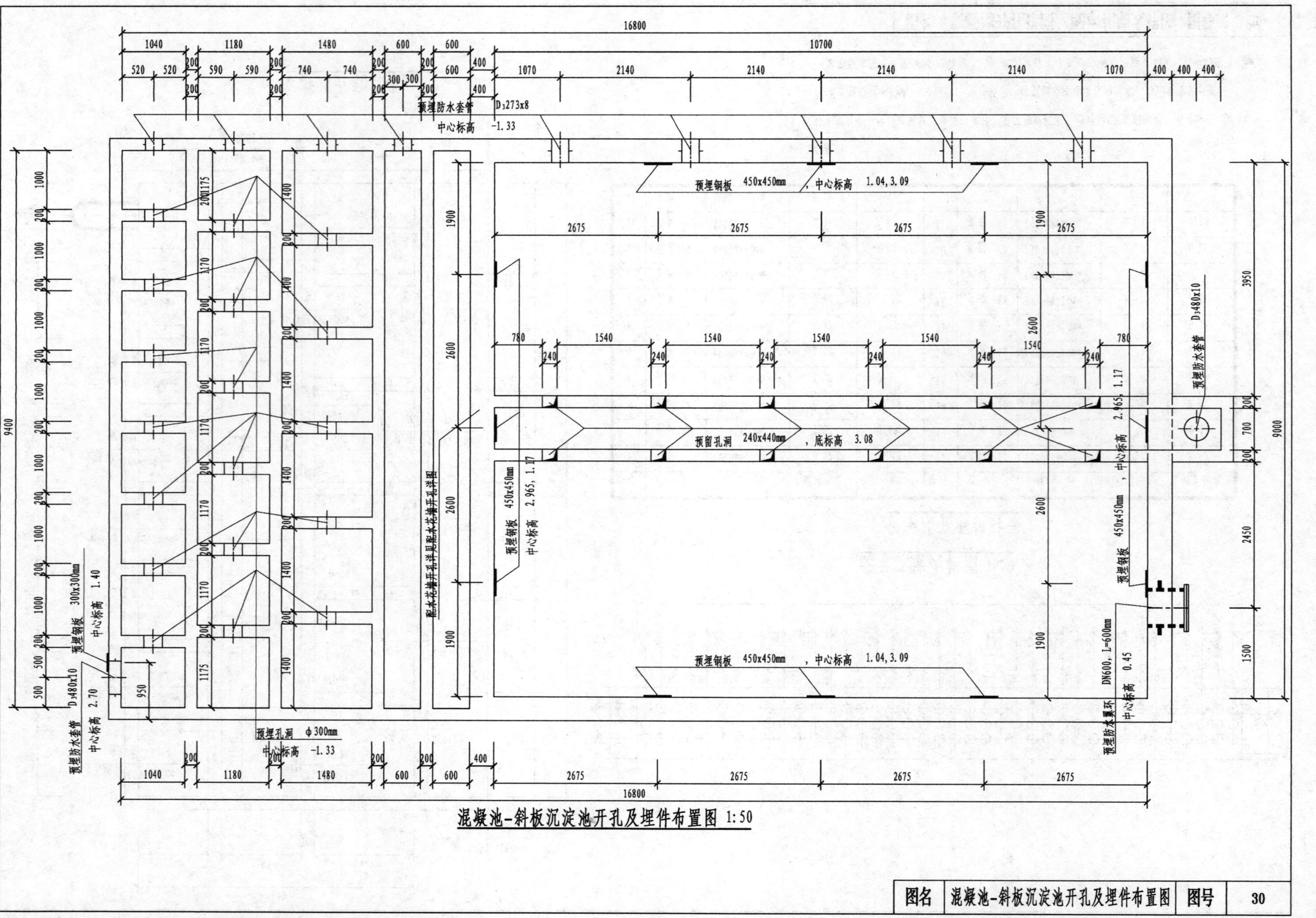

混凝池-斜板沉淀池开孔及埋件布置图 1:50

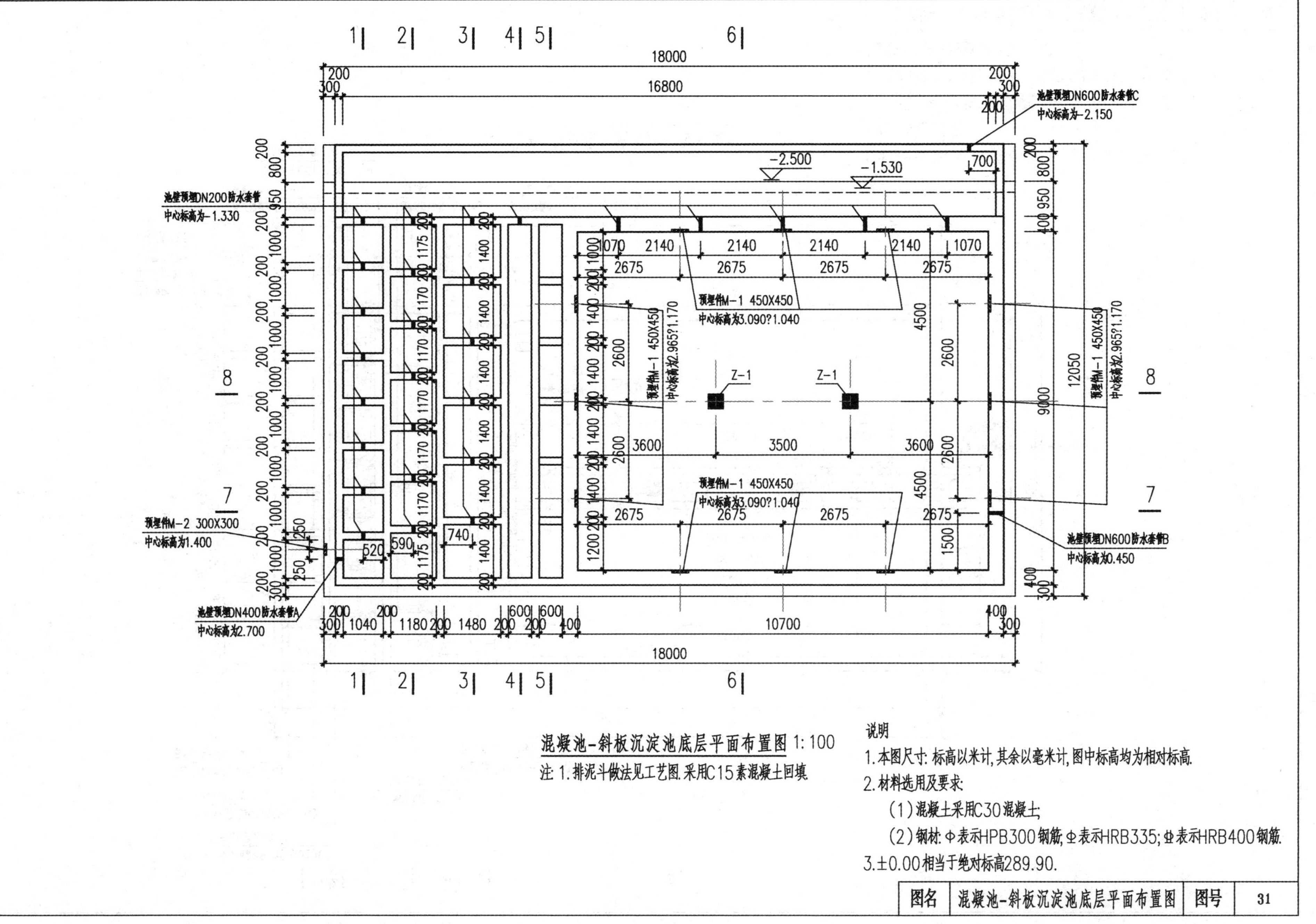

混凝池-斜板沉淀池底层平面布置图 1:100

注 1.排泥斗做法见工艺图.采用C15素混凝土回填

说明

1.本图尺寸:标高以米计,其余以毫米计,图中标高均为相对标高.

2.材料选用及要求:

(1)混凝土采用C30混凝土;

(2)钢材:Φ表示HPB300钢筋;Φ表示HRB335;Φ表示HRB400钢筋.

3.±0.00相当于绝对标高289.90.

图名	混凝池-斜板沉淀池底层平面布置图	图号	31

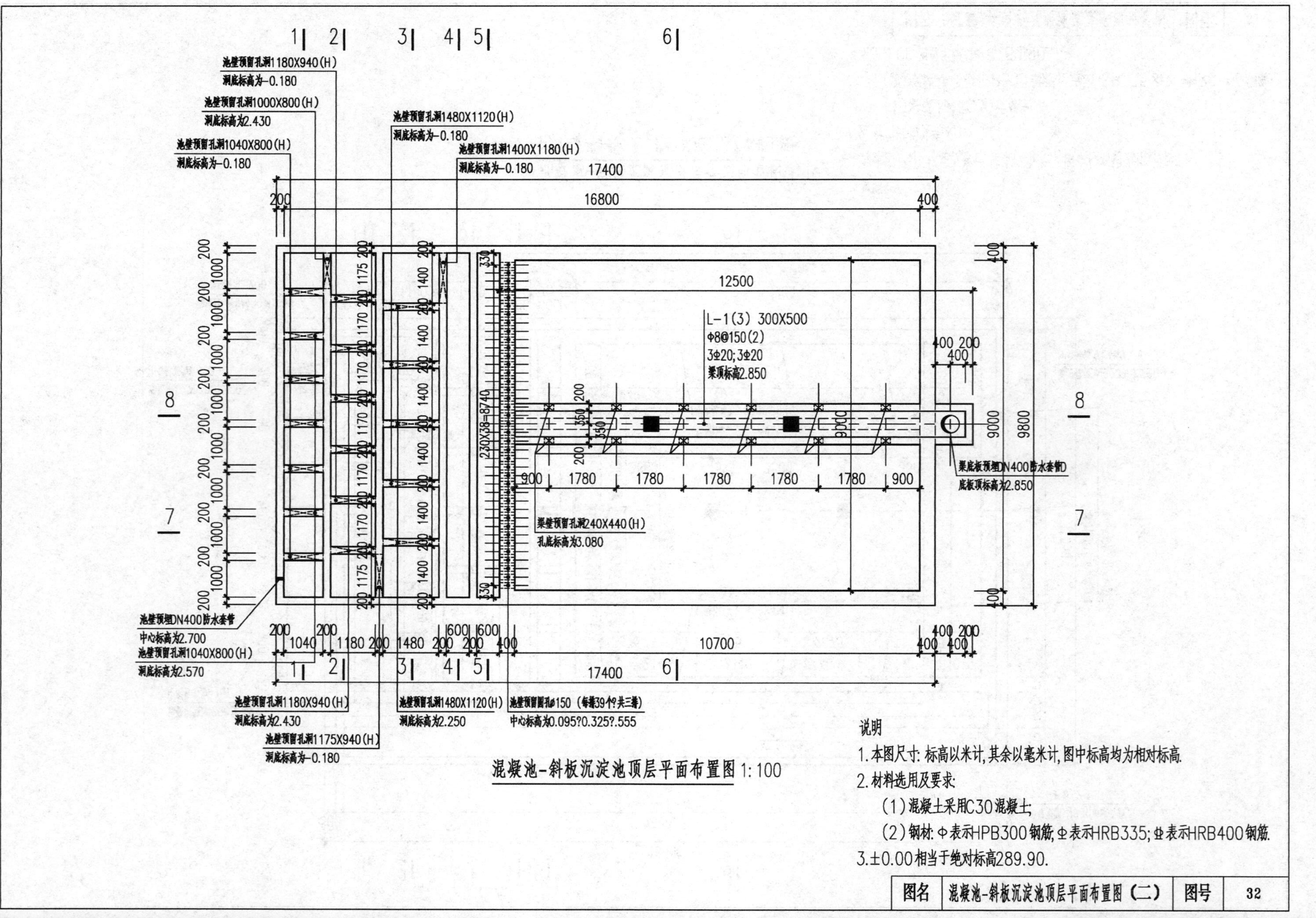

混凝池-斜板沉淀池顶层平面布置图 1:100

说明

1.本图尺寸: 标高以米计,其余以毫米计,图中标高均为相对标高.

2.材料选用及要求:

(1)混凝土采用C30混凝土;

(2)钢材: Φ表示HPB300钢筋; Φ表示HRB335; Φ表示HRB400钢筋.

3.±0.00相当于绝对标高289.90.

图名	混凝池-斜板沉淀池顶层平面布置图（二）	图号	32

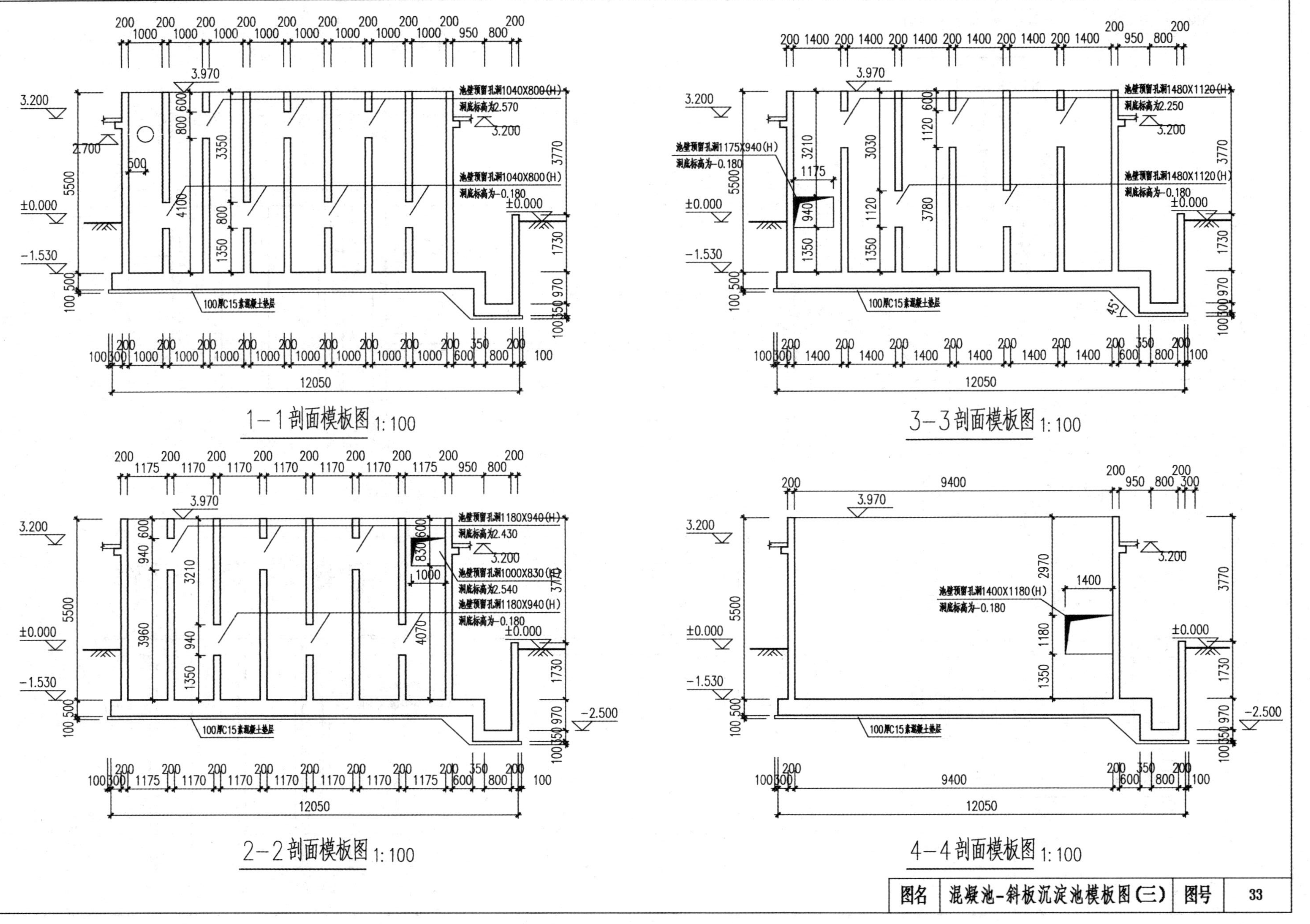

池壁预留孔洞1040X800(H)
洞底标高为2.570
池壁预留孔洞1040X800(H)
洞底标高为-0.180
100厚C15素混凝土垫层
1—1剖面模板图 1:100
池壁预留孔洞1480X1120(H)
洞底标高为2.250
池壁预留孔洞1175X940(H)
洞底标高为-0.180
池壁预留孔洞1480X1120(H)
洞底标高为-0.180
100厚C15素混凝土垫层
3—3剖面模板图 1:100
池壁预留孔洞1180X940(H)
洞底标高为2.430
池壁预留孔洞1000X830(H)
洞底标高为2.540
池壁预留孔洞1180X940(H)
洞底标高为-0.180
100厚C15素混凝土垫层
2—2剖面模板图 1:100
池壁预留孔洞1400X1180(H)
洞底标高为-0.180
100厚C15素混凝土垫层
4—4剖面模板图 1:100
图名
混凝池-斜板沉淀池模板图(三)
图号
33

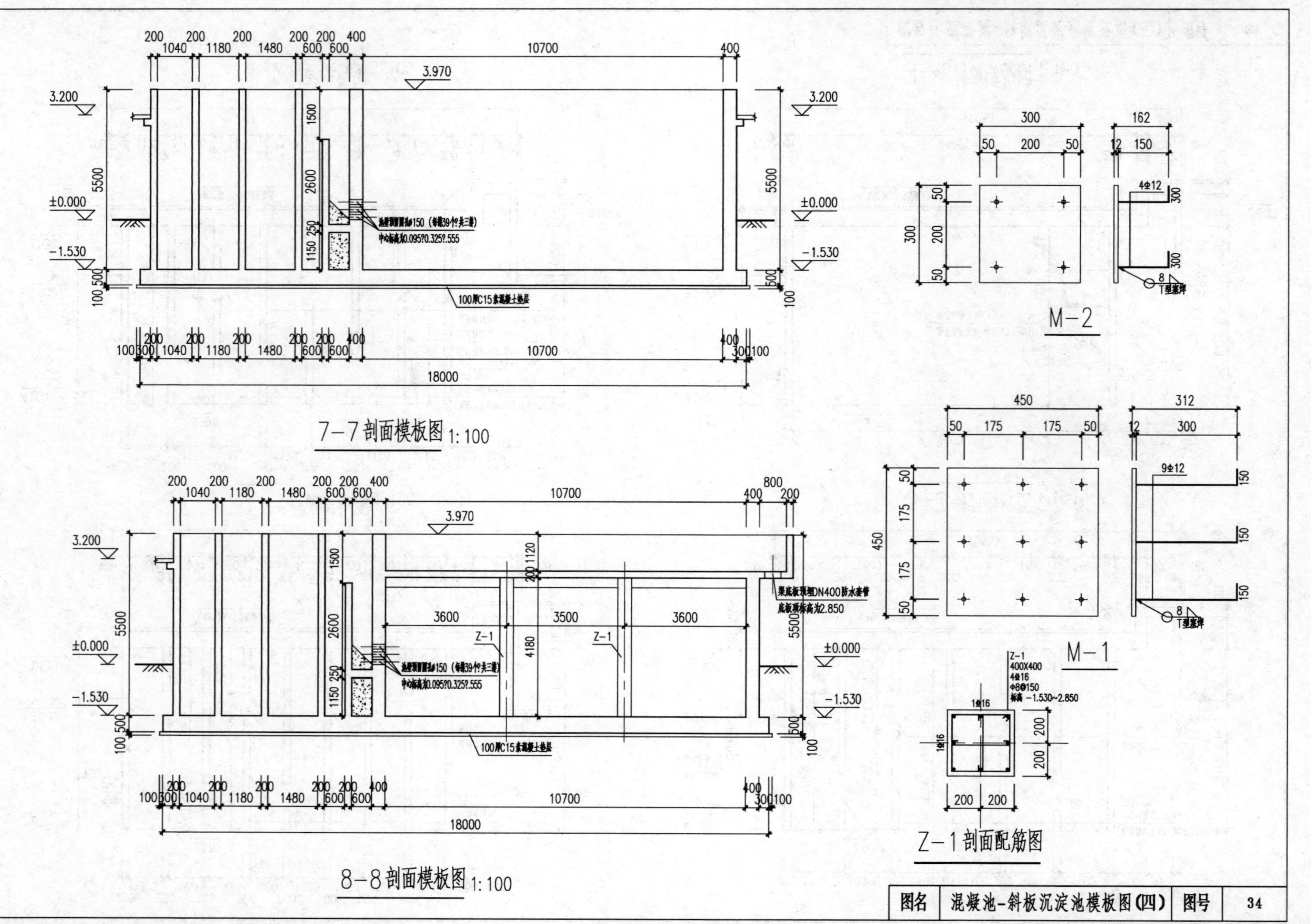
7-7剖面模板图 1:100
8-8剖面模板图 1:100
3.970
3.200
±0.000
-1.530
100厚C15素混凝土垫层
18000
10700
5500
M-2
M-1
8
T型塞焊
4Φ12
9Φ12
Z-1剖面配筋图
Z-1
400X400
4Φ16
Φ8@150
标高 -1.530~2.850
底板预埋DN400防水套管
底板顶标高为2.850
图名
混凝池-斜板沉淀池模板图(四)
图号
34

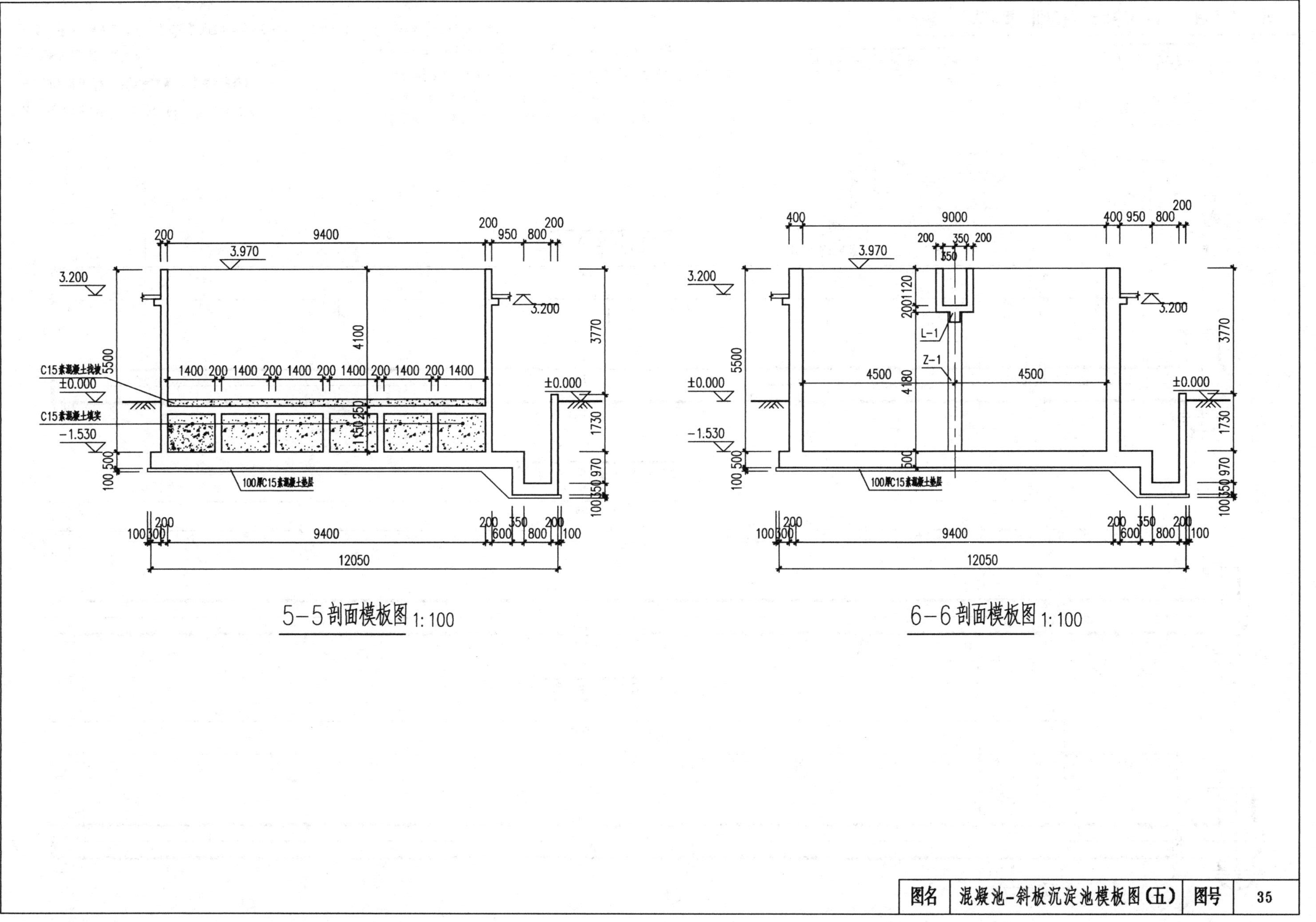
5-5剖面模板图1:100
6-6剖面模板图1:100
图名
混凝池-斜板沉淀池模板图(五)
图号
35

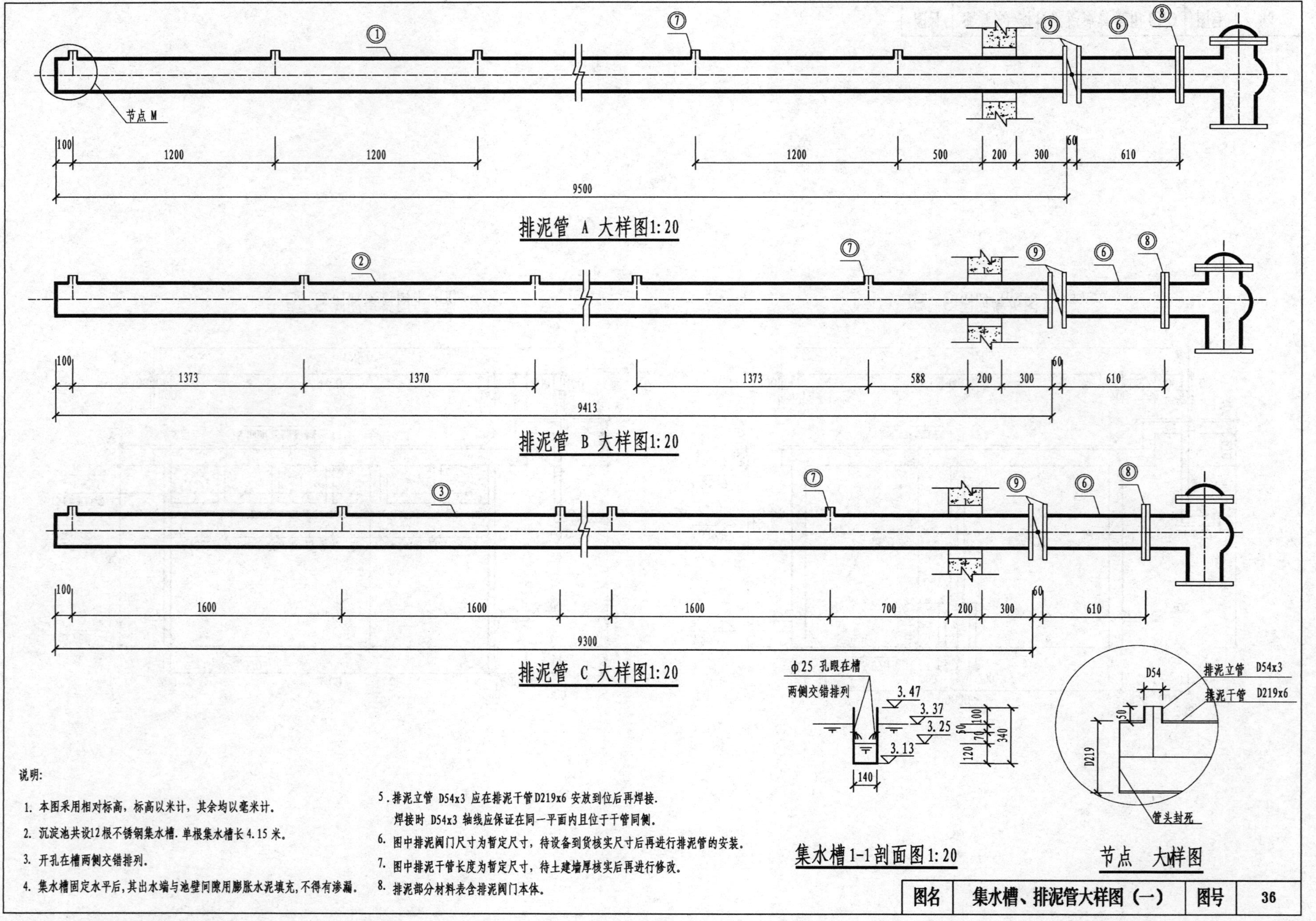

说明:

1. 本图采用相对标高，标高以米计，其余均以毫米计。
2. 沉淀池共设12根不锈钢集水槽. 单根集水槽长 4.15 米。
3. 开孔在槽两侧交错排列。
4. 集水槽固定水平后，其出水端与池壁间隙用膨胀水泥填充，不得有渗漏。
5. 排泥立管 D54x3 应在排泥干管D219x6 安放到位后再焊接.
   焊接时 D54x3 轴线应保证在同一平面内且位于干管同侧.
6. 图中排泥阀门尺寸为暂定尺寸，待设备到货核实尺寸后再进行排泥管的安装。
7. 图中排泥干管长度为暂定尺寸，待土建墙厚核实后再进行修改。
8. 排泥部分材料表含排泥阀门本体。

图名	集水槽、排泥管大样图（一）	图号	36

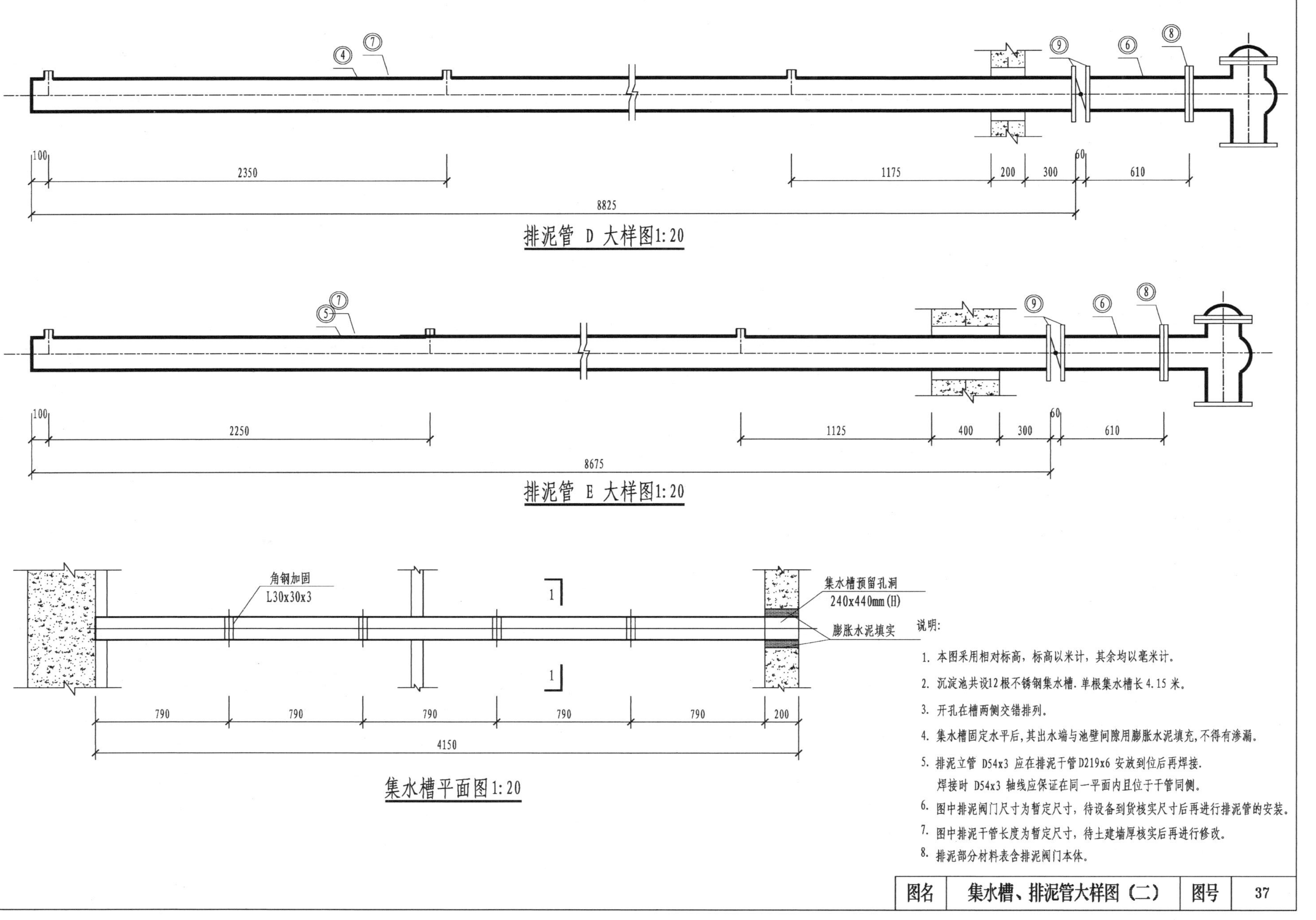

④
⑦
⑨
⑥
⑧
100
2350
1175
200
300
60
610
8825
排泥管 D 大样图1:20
⑦
⑤
⑨
⑥
⑧
100
2250
1125
400
300
60
610
8675
排泥管 E 大样图1:20
角钢加固
L30x30x3
1
1
集水槽预留孔洞
240x440mm(H)
膨胀水泥填实
790
790
790
790
790
200
4150
集水槽平面图1:20
说明:
1. 本图采用相对标高，标高以米计，其余均以毫米计。
2. 沉淀池共设12根不锈钢集水槽. 单根集水槽长 4.15 米。
3. 开孔在槽两侧交错排列。
4. 集水槽固定水平后，其出水端与池壁间隙用膨胀水泥填充，不得有渗漏。
5. 排泥立管 D54x3 应在排泥干管 D219x6 安放到位后再焊接.
焊接时 D54x3 轴线应保证在同一平面内且位于干管同侧。
6. 图中排泥阀门尺寸为暂定尺寸，待设备到货核实尺寸后再进行排泥管的安装。
7. 图中排泥干管长度为暂定尺寸，待土建墙厚核实后再进行修改。
8. 排泥部分材料表含排泥阀门本体。
图名
集水槽、排泥管大样图（二）
图号
37

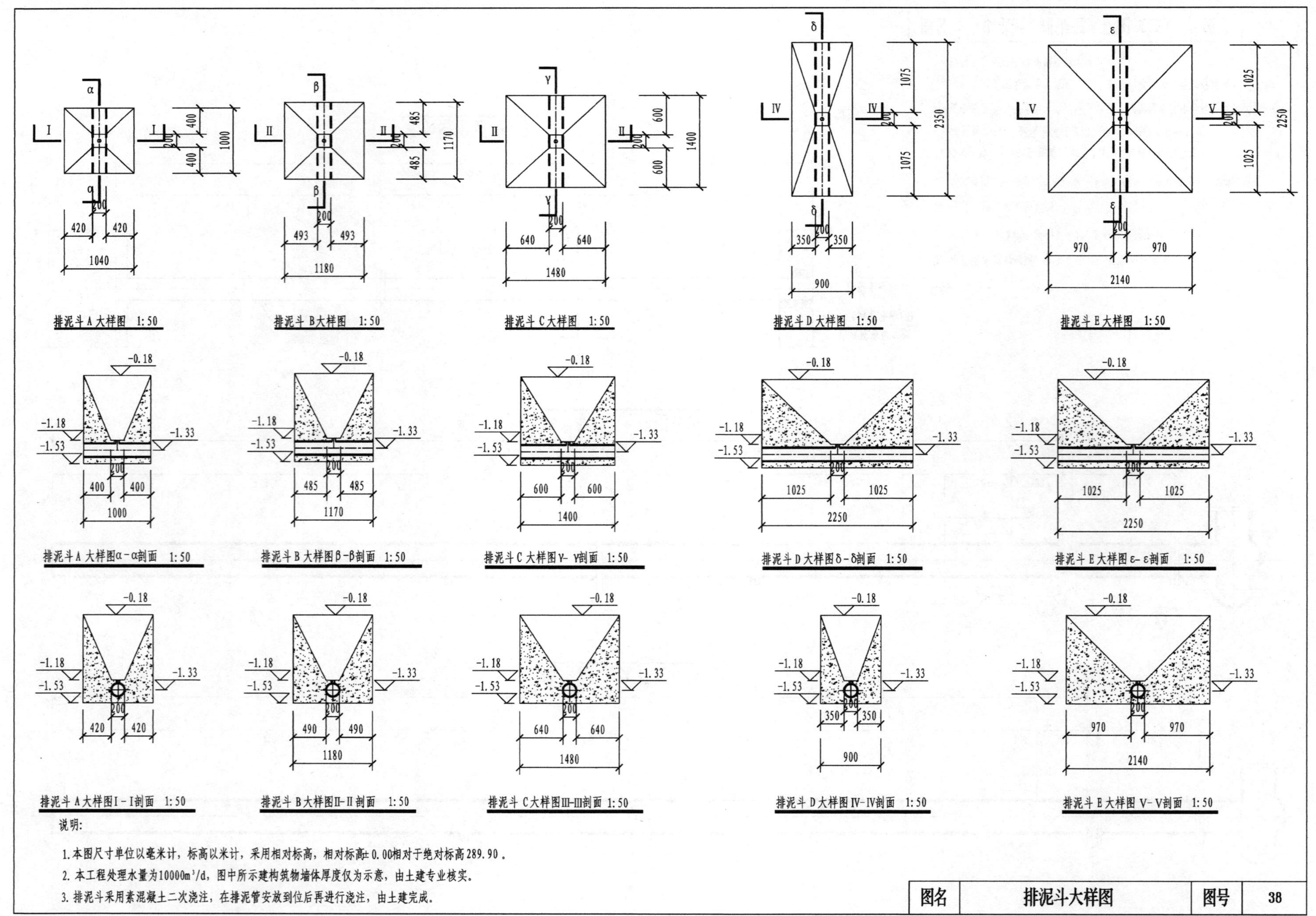

说明:

1. 本图尺寸单位以毫米计，标高以米计，采用相对标高，相对标高±0.00相对于绝对标高289.90。
2. 本工程处理水量为10000m³/d，图中所示建构筑物墙体厚度仅为示意，由土建专业核实。
3. 排泥斗采用素混凝土二次浇注，在排泥管安放到位后再进行浇注，由土建完成。

图名	排泥斗大样图	图号	38

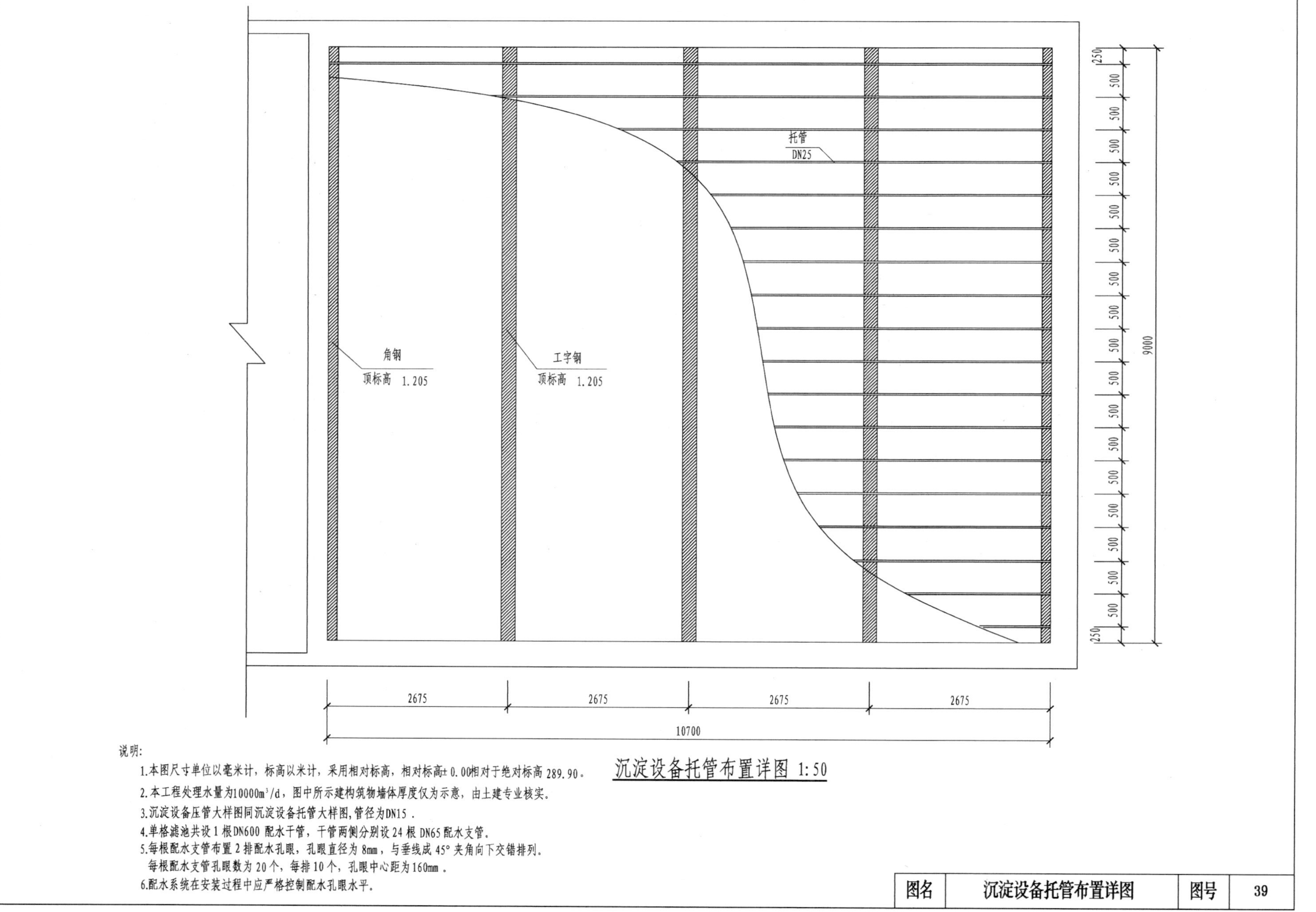

沉淀设备托管布置详图 1:50

说明:

1.本图尺寸单位以毫米计，标高以米计，采用相对标高，相对标高±0.00相对于绝对标高289.90。

2.本工程处理水量为10000m³/d，图中所示建构筑物墙体厚度仅为示意，由土建专业核实。

3.沉淀设备压管大样图同沉淀设备托管大样图,管径为DN15 .

4.单格滤池共设1根DN600 配水干管，干管两侧分别设24根 DN65配水支管。

5.每根配水支管布置2排配水孔眼，孔眼直径为8mm，与垂线成45°夹角向下交错排列。
每根配水支管孔眼数为20个，每排10个，孔眼中心距为160mm .

6.配水系统在安装过程中应严格控制配水孔眼水平。

图名	沉淀设备托管布置详图	图号	39

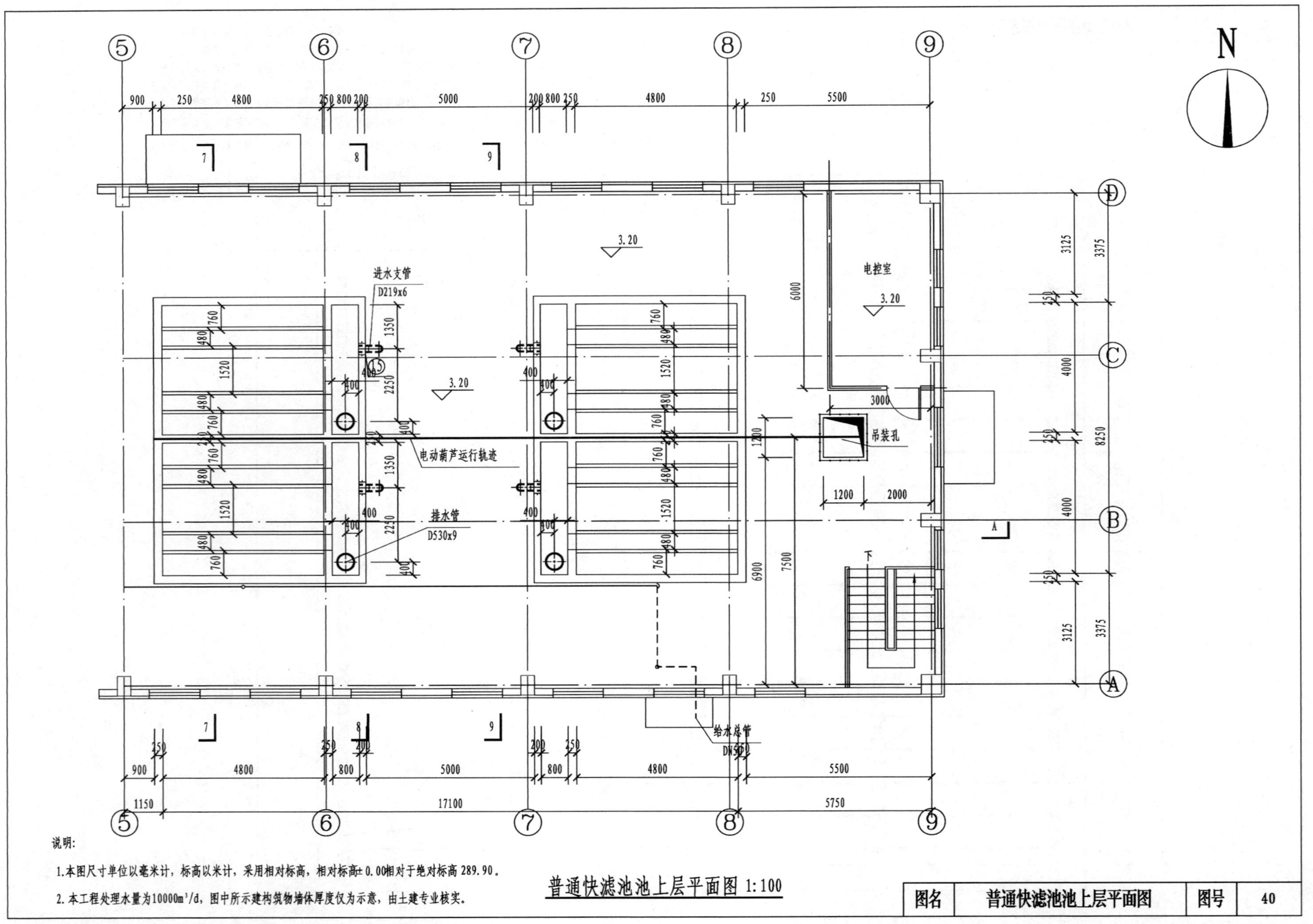

说明:

1.本图尺寸单位以毫米计，标高以米计，采用相对标高，相对标高±0.00相对于绝对标高 289.90。

2. 本工程处理水量为10000m³/d，图中所示建构筑物墙体厚度仅为示意，由土建专业核实。

普通快滤池池上层平面图 1:100

图名	普通快滤池池上层平面图	图号	40

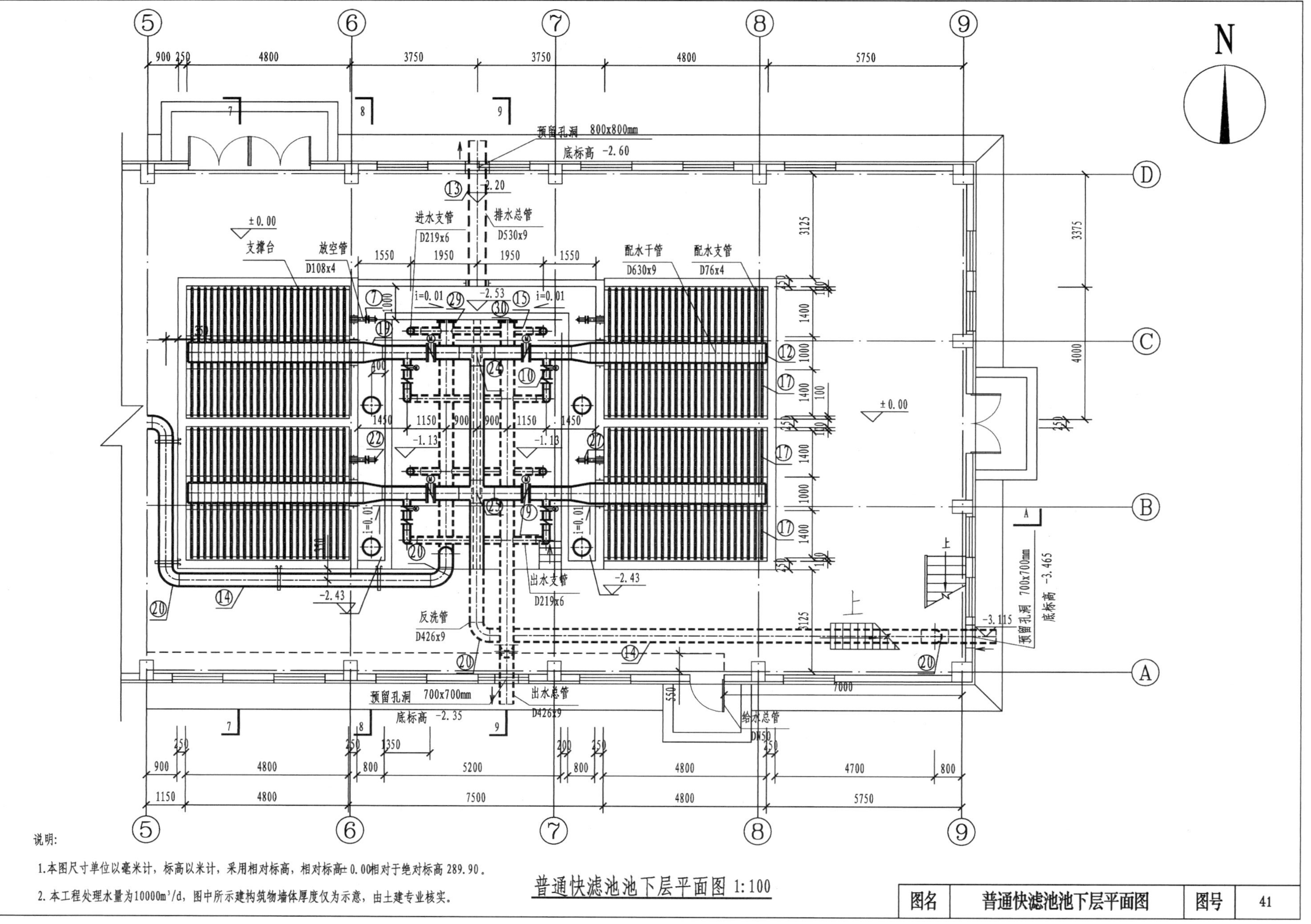

普通快滤池池下层平面图 1:100

说明:

1. 本图尺寸单位以毫米计，标高以米计，采用相对标高，相对标高±0.00相对于绝对标高289.90。

2. 本工程处理水量为10000m³/d，图中所示建构筑物墙体厚度仅为示意，由土建专业核实。

图名	普通快滤池池下层平面图	图号	41

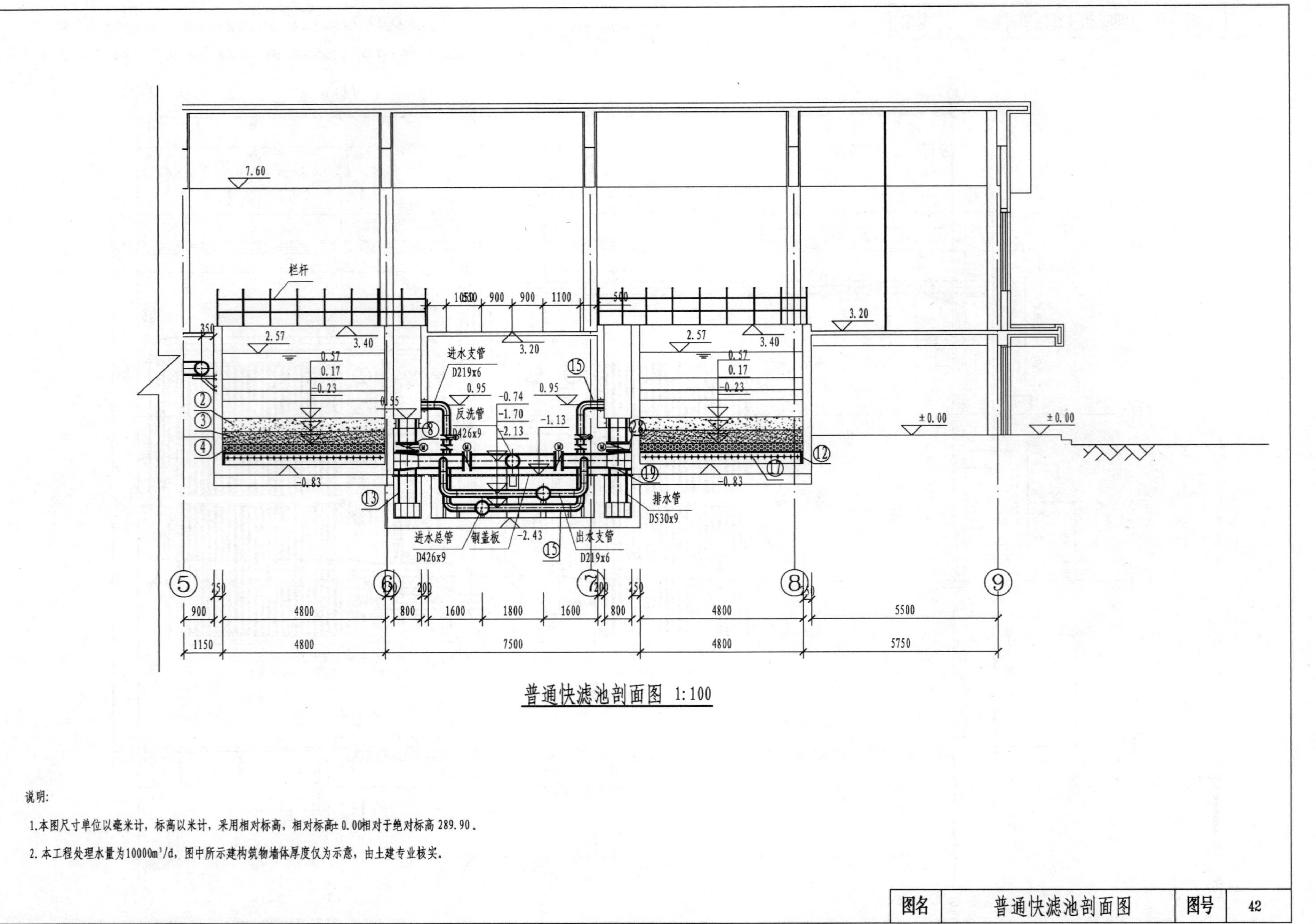

普通快滤池剖面图 1:100

说明:

1.本图尺寸单位以毫米计，标高以米计，采用相对标高，相对标高±0.00相对于绝对标高289.90。

2.本工程处理水量为10000m³/d，图中所示建构筑物墙体厚度仅为示意，由土建专业核实。

图名	普通快滤池剖面图	图号	42

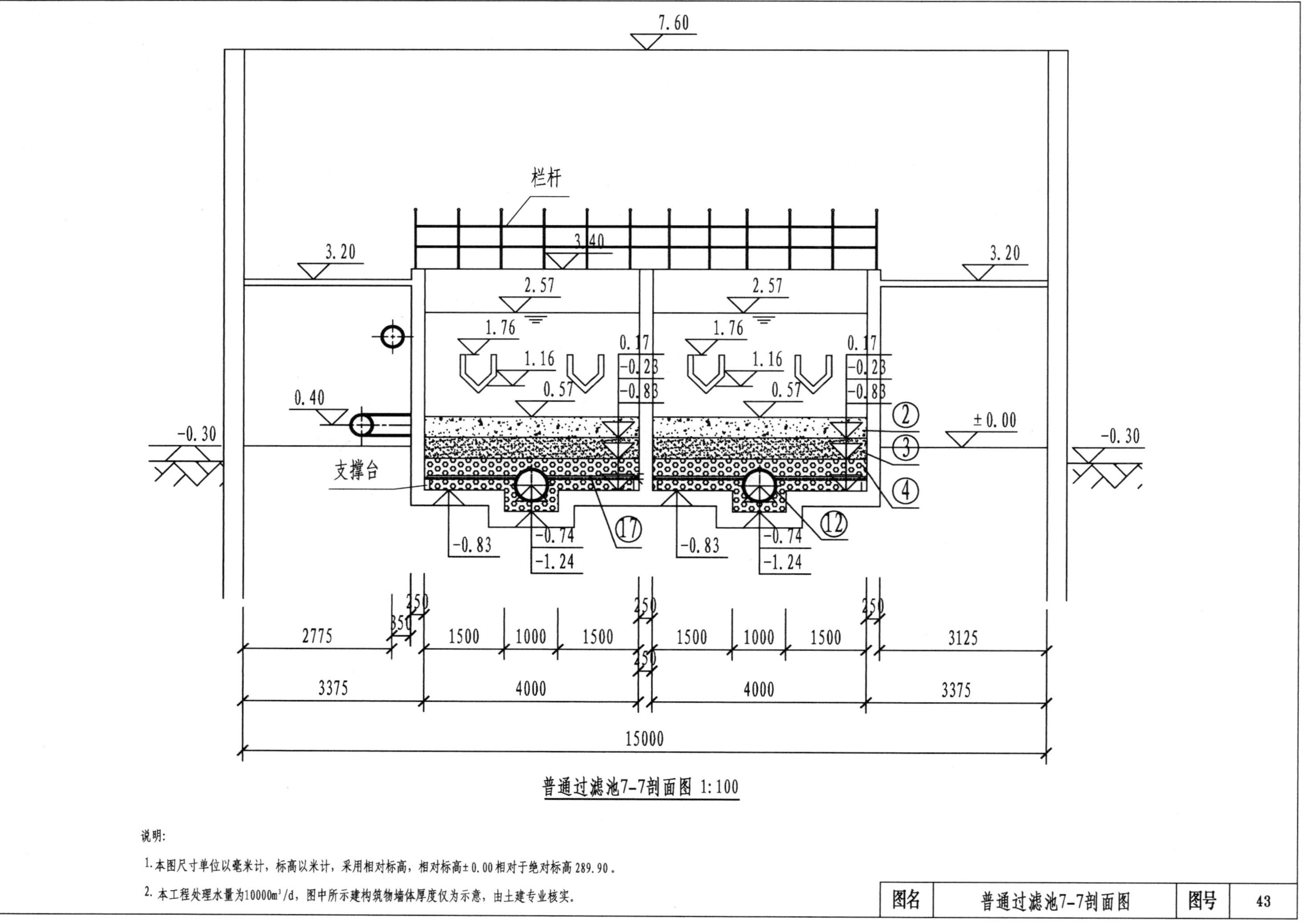

普通过滤池7-7剖面图 1:100

说明:

1. 本图尺寸单位以毫米计，标高以米计，采用相对标高，相对标高±0.00相对于绝对标高289.90。

2. 本工程处理水量为10000m³/d，图中所示建构筑物墙体厚度仅为示意，由土建专业核实。

图名	普通过滤池7-7剖面图	图号	43

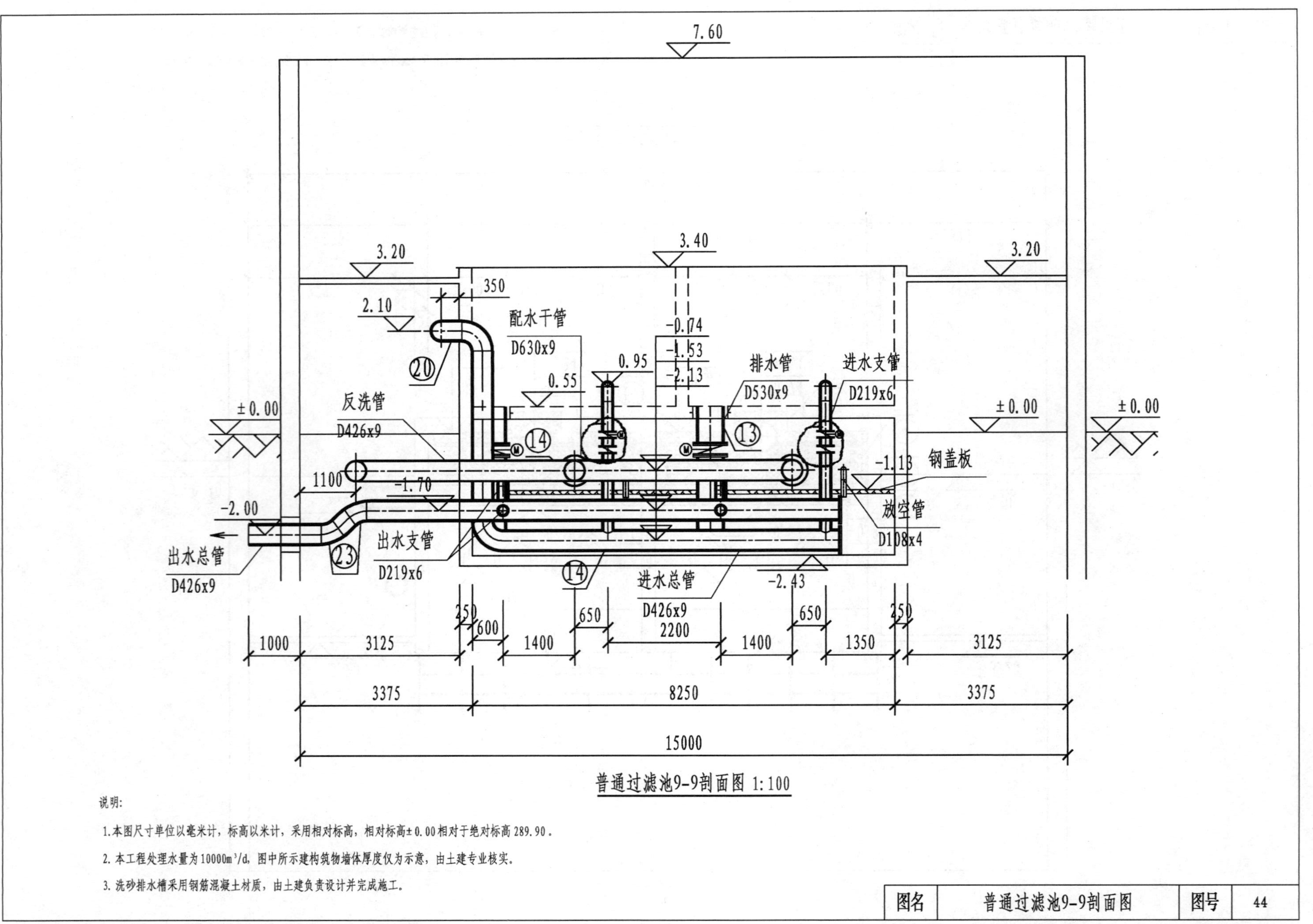

普通过滤池9–9剖面图 1:100

说明:

1.本图尺寸单位以毫米计，标高以米计，采用相对标高，相对标高±0.00相对于绝对标高289.90。

2. 本工程处理水量为10000m³/d, 图中所示建构筑物墙体厚度仅为示意，由土建专业核实。

3. 洗砂排水槽采用钢筋混凝土材质，由土建负责设计并完成施工。

图名	普通过滤池9–9剖面图	图号	44

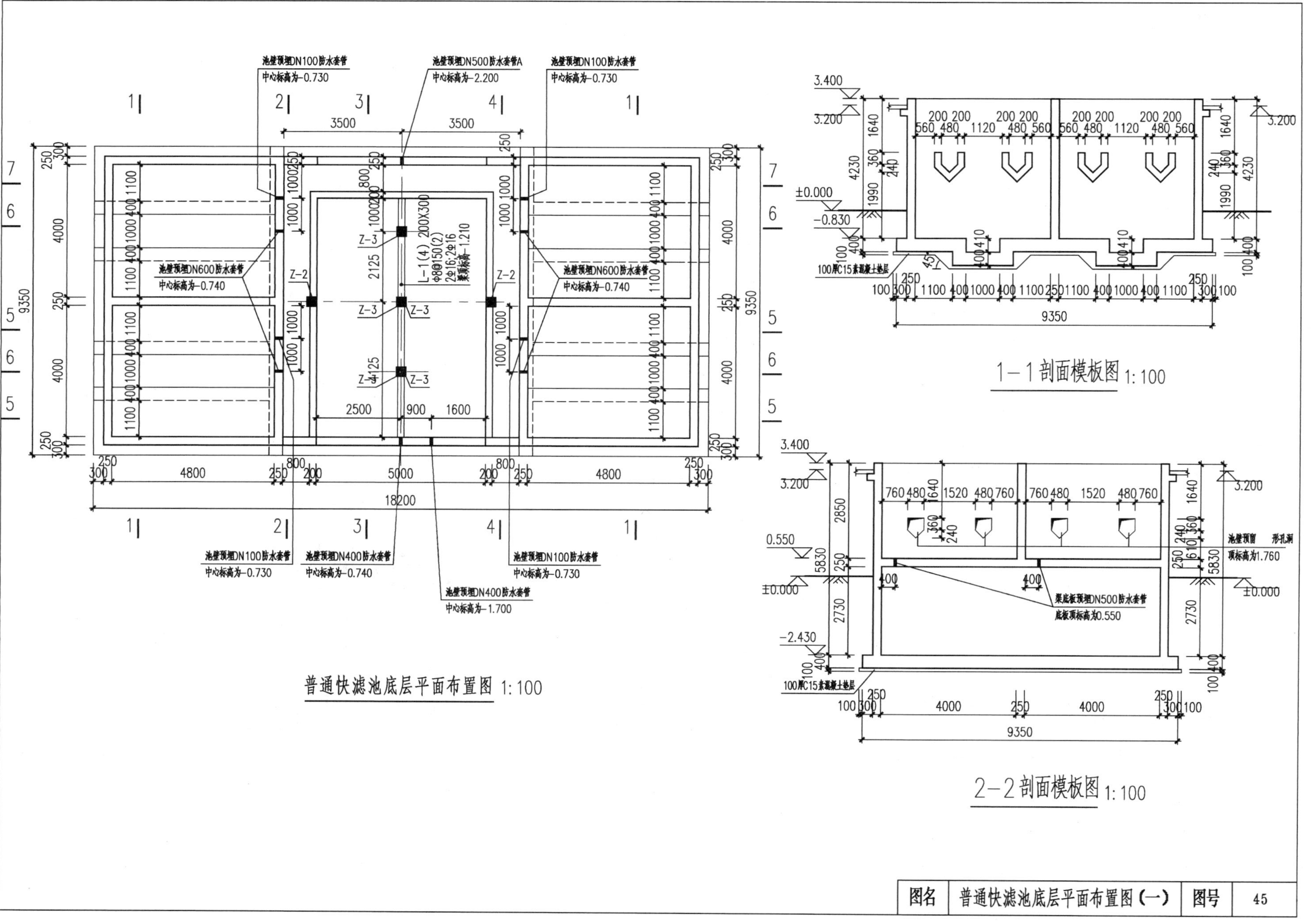

池壁预埋DN100防水套管
中心标高为-0.730
池壁预埋DN500防水套管A
中心标高为-2.200
池壁预埋DN600防水套管
中心标高为-0.740
池壁预埋DN400防水套管
中心标高为-0.740
池壁预埋DN400防水套管
中心标高为-1.700
L-1(4) 200X300
100厚C15素混凝土垫层
渠底板预埋DN500防水套管
底板顶标高为0.550
普通快滤池底层平面布置图 1:100
1—1剖面模板图 1:100
2—2剖面模板图 1:100
图名
普通快滤池底层平面布置图（一）
图号
45

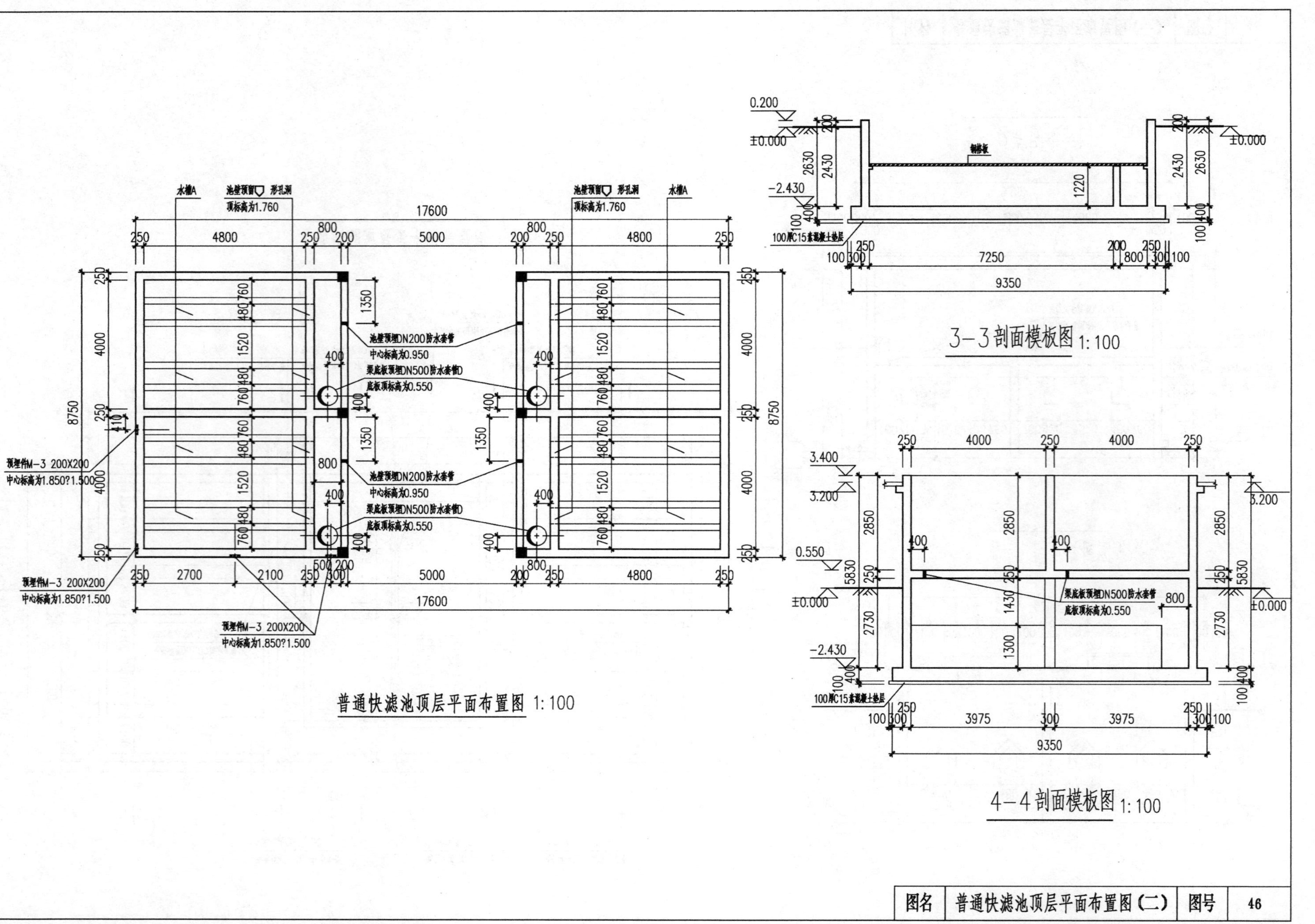

水槽A
池壁预留▽形孔洞
顶标高为1.760
池壁预埋DN200防水套管
中心标高为0.950
渠底板预埋DN500防水套管D
底板顶标高为0.550
预埋件M-3 200X200
中心标高为1.850?1.500
钢格板
100厚C15素混凝土垫层
普通快滤池顶层平面布置图 1:100
3-3剖面模板图 1:100
4-4剖面模板图 1:100
图名
普通快滤池顶层平面布置图(二)
图号
46

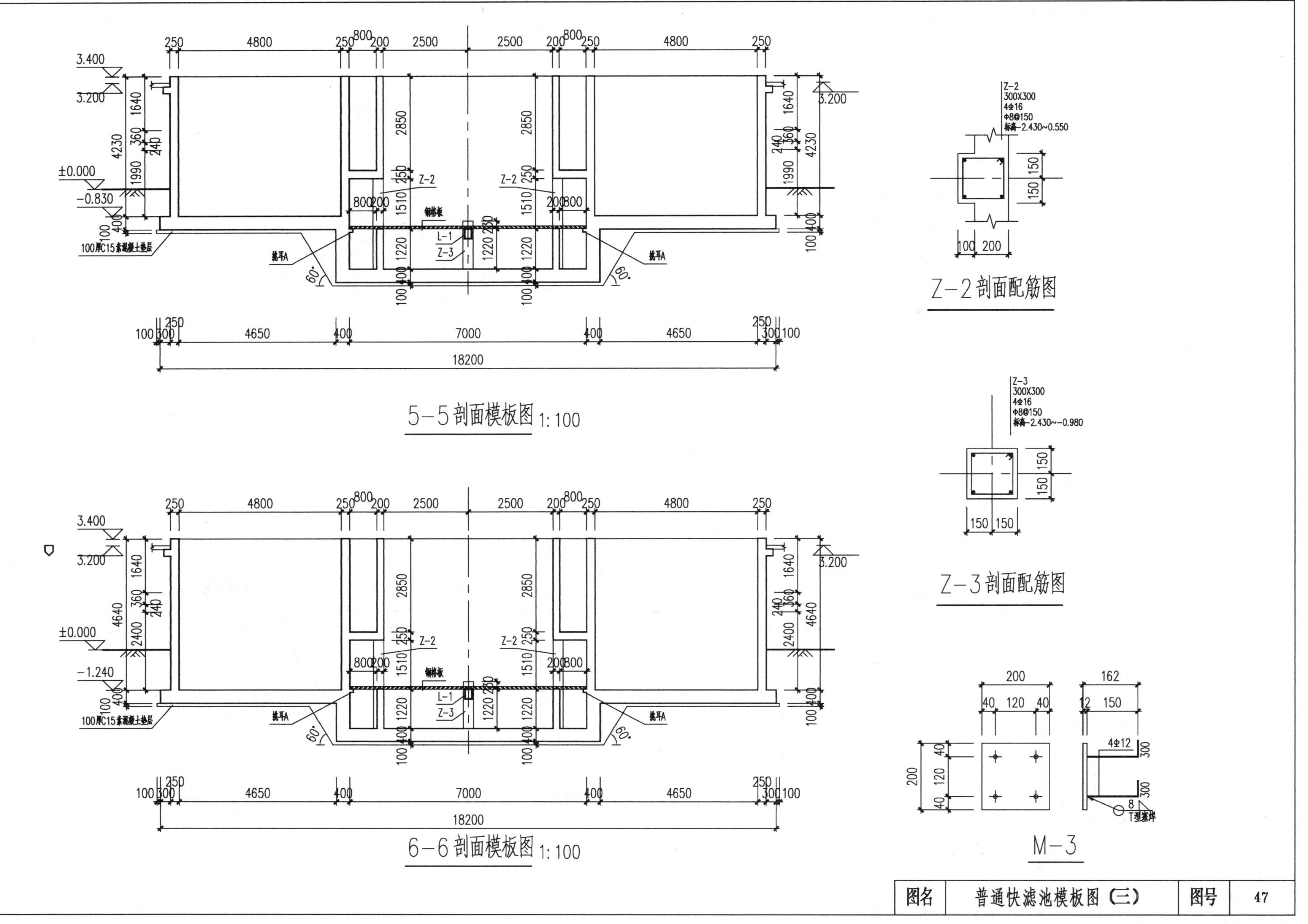

5—5 剖面模板图 1:100
6—6 剖面模板图 1:100
Z—2 剖面配筋图
Z—3 剖面配筋图
M—3
图名
普通快滤池模板图（三）
图号
47

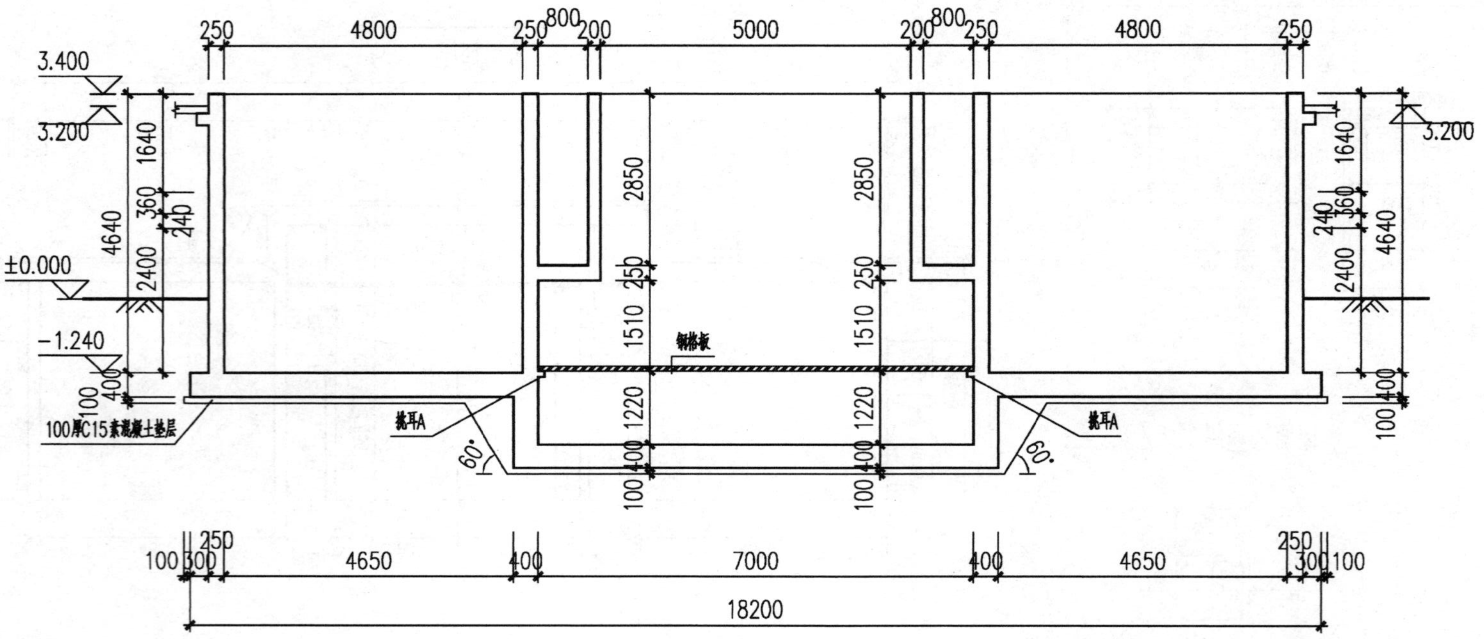

7-7剖面模板图 1:100

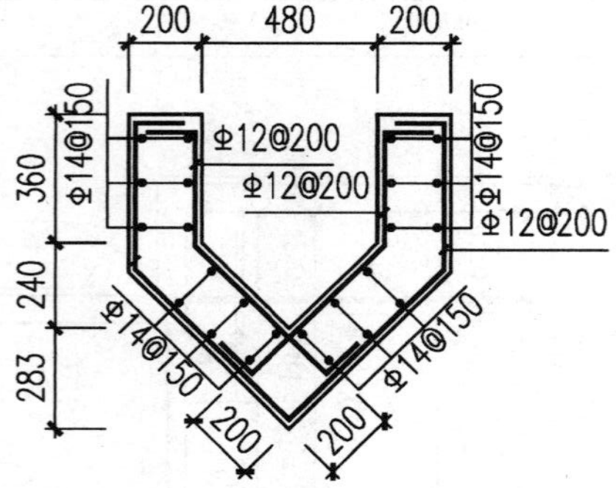

水槽A 剖面配筋图 1:25

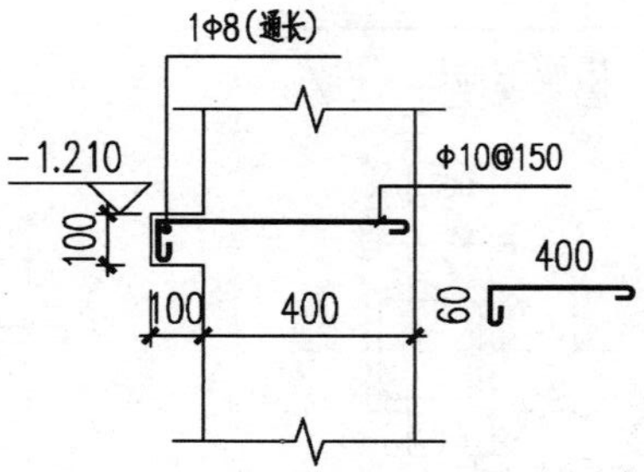

挑耳A

图名	普通快滤池模板图（四）	图号	48

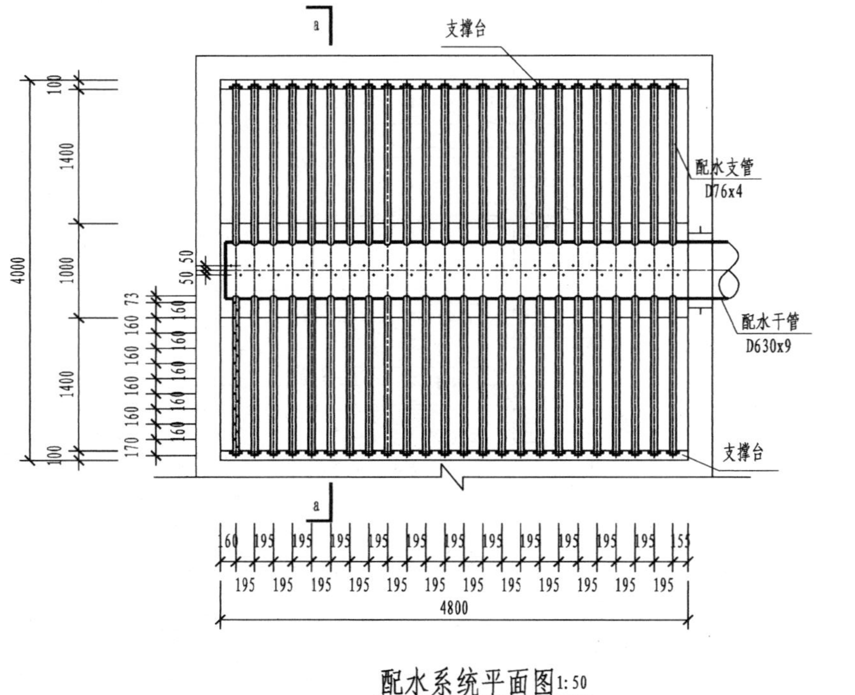

配水系统平面图1:50

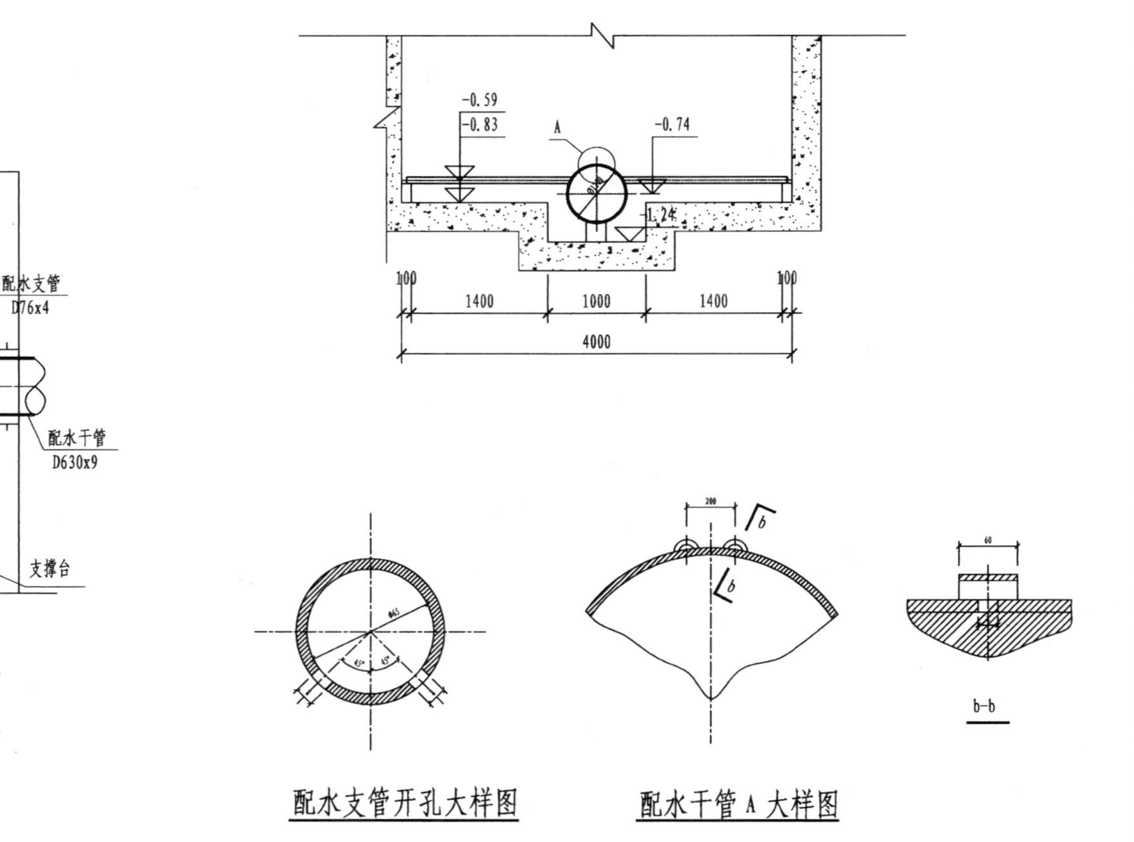

配水支管开孔大样图

配水干管 A 大样图

说明:

1.本图尺寸单位以毫米计，标高以米计，采用相对标高，相对标高±0.00相对于绝对标高 289.90。

2.本工程处理水量为10000m³/d，图中所示建构筑物墙体厚度仅为示意，由土建专业核实。

3.沉淀设备压管大样图同沉淀设备托管大样图，管径为DN15。

4.单格滤池共设 1 根DN600 配水干管，干管两侧分别设 24 根 DN65 配水支管。

5.每根配水支管布置 2 排配水孔眼，孔眼直径为 8mm，与垂线成 45° 夹角向下交错排列。
每根配水支管孔眼数为 20 个，每排 10 个，孔眼中心距为160mm。

6.配水系统在安装过程中应严格控制配水孔眼水平。

图名	普通快滤池配水系统大样图	图号	49

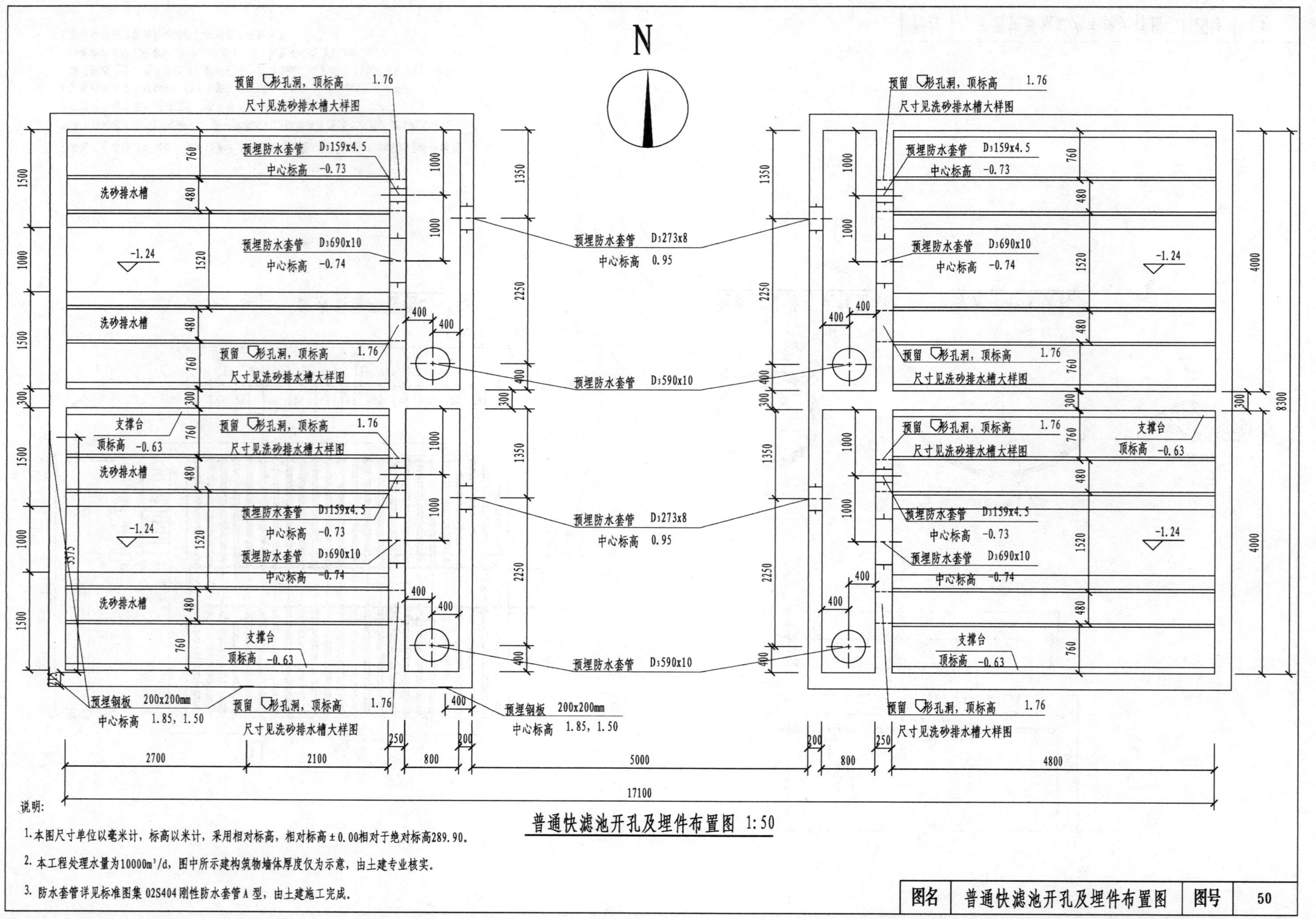

普通快滤池开孔及埋件布置图 1:50

说明：

1. 本图尺寸单位以毫米计，标高以米计，采用相对标高，相对标高±0.00相对于绝对标高289.90。
2. 本工程处理水量为10000m³/d，图中所示建构筑物墙体厚度仅为示意，由土建专业核实。
3. 防水套管详见标准图集 02S404 刚性防水套管A型，由土建施工完成。

图名	普通快滤池开孔及埋件布置图	图号	50

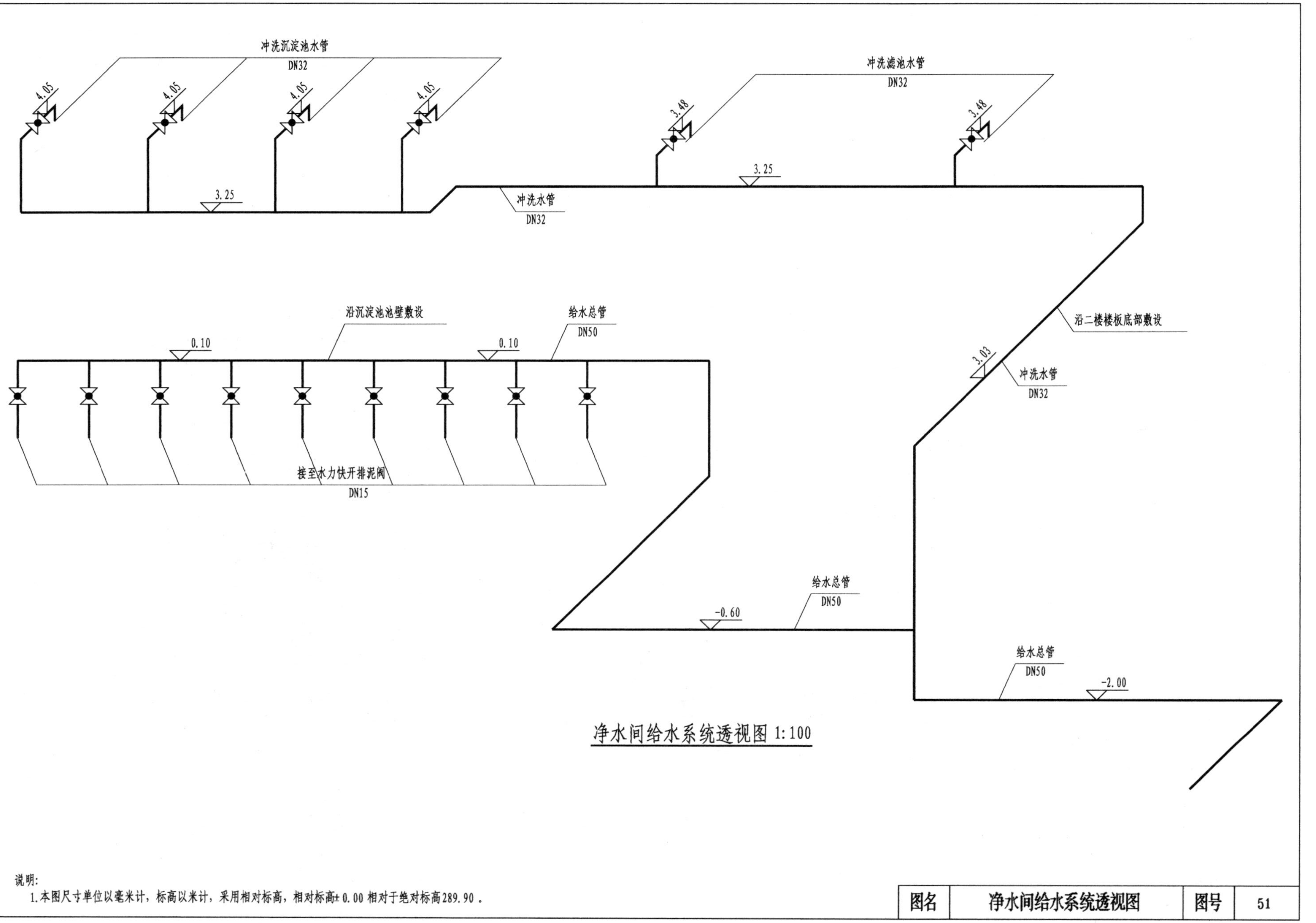

冲洗沉淀池水管
DN32
4.05
4.05
4.05
4.05
3.25
冲洗滤池水管
DN32
3.48
3.48
3.25
冲洗水管
DN32
沿沉淀池池壁敷设
0.10
0.10
给水总管
DN50
沿二楼楼板底部敷设
3.03
冲洗水管
DN32
接至水力快开排泥阀
DN15
给水总管
DN50
-0.60
给水总管
DN50
-2.00
净水间给水系统透视图 1:100
说明:
1.本图尺寸单位以毫米计，标高以米计，采用相对标高，相对标高±0.00 相对于绝对标高289.90 .
图名
净水间给水系统透视图
图号
51

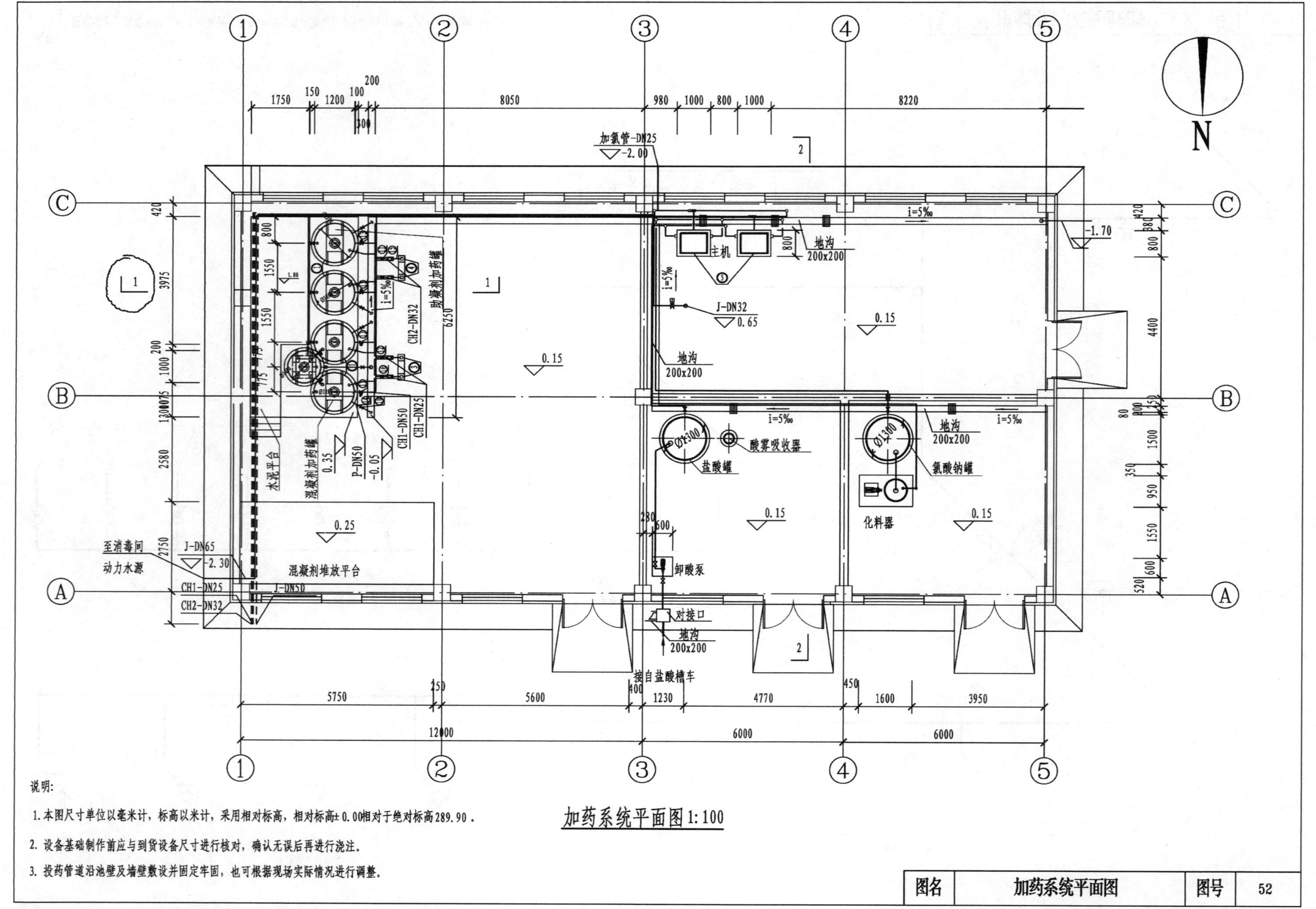

加药系统平面图 1:100

说明:

1. 本图尺寸单位以毫米计，标高以米计，采用相对标高，相对标高±0.00相对于绝对标高289.90。

2. 设备基础制作前应与到货设备尺寸进行核对，确认无误后再进行浇注。

3. 投药管道沿池壁及墙壁敷设并固定牢固，也可根据现场实际情况进行调整。

图名	加药系统平面图	图号	52

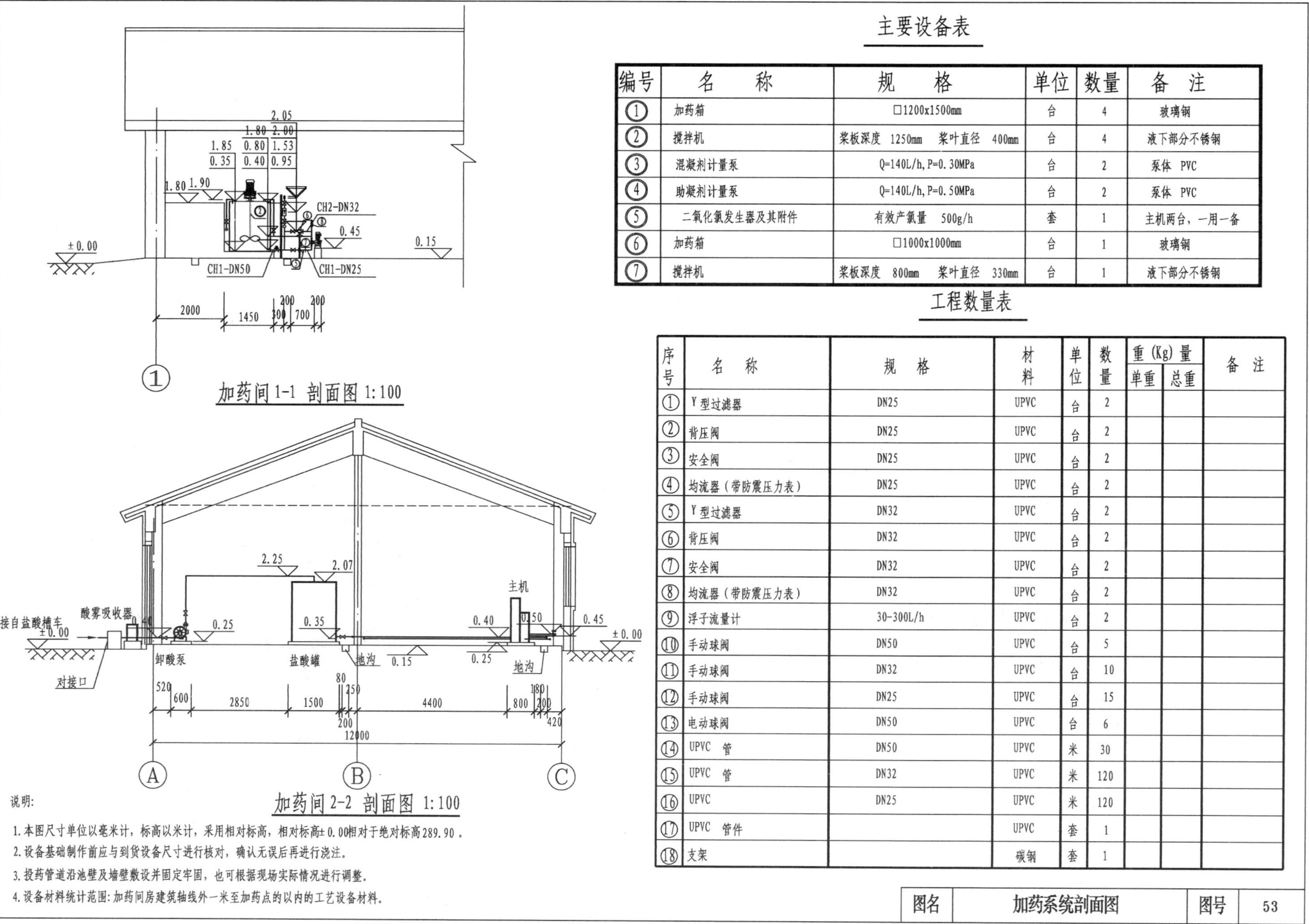

加药间1-1 剖面图 1:100

加药间2-2 剖面图 1:100

主要设备表

编号	名　称	规　格	单位	数量	备　注
①	加药箱	□1200x1500mm	台	4	玻璃钢
②	搅拌机	桨板深度 1250mm 桨叶直径 400mm	台	4	液下部分不锈钢
③	混凝剂计量泵	Q=140L/h, P=0.30MPa	台	2	泵体 PVC
④	助凝剂计量泵	Q=140L/h, P=0.50MPa	台	2	泵体 PVC
⑤	二氧化氯发生器及其附件	有效产氯量 500g/h	套	1	主机两台，一用一备
⑥	加药箱	□1000x1000mm	台	1	玻璃钢
⑦	搅拌机	桨板深度 800mm 桨叶直径 330mm	台	1	液下部分不锈钢

工程数量表

序号	名　称	规　格	材料	单位	数量	重(Kg)量		备　注
						单重	总重	
①	Y型过滤器	DN25	UPVC	台	2			
②	背压阀	DN25	UPVC	台	2			
③	安全阀	DN25	UPVC	台	2			
④	均流器（带防震压力表）	DN25	UPVC	台	2			
⑤	Y型过滤器	DN32	UPVC	台	2			
⑥	背压阀	DN32	UPVC	台	2			
⑦	安全阀	DN32	UPVC	台	2			
⑧	均流器（带防震压力表）	DN32	UPVC	台	2			
⑨	浮子流量计	30-300L/h	UPVC	台	2			
⑩	手动球阀	DN50	UPVC	台	5			
⑪	手动球阀	DN32	UPVC	台	10			
⑫	手动球阀	DN25	UPVC	台	15			
⑬	电动球阀	DN50	UPVC	台	6			
⑭	UPVC 管	DN50	UPVC	米	30			
⑮	UPVC 管	DN32	UPVC	米	120			
⑯	UPVC	DN25	UPVC	米	120			
⑰	UPVC 管件		UPVC	套	1			
⑱	支架		碳钢	套	1			

说明:

1. 本图尺寸单位以毫米计，标高以米计，采用相对标高，相对标高±0.00相对于绝对标高289.90。
2. 设备基础制作前应与到货设备尺寸进行核对，确认无误后再进行浇注。
3. 投药管道沿池壁及墙壁敷设并固定牢固，也可根据现场实际情况进行调整。
4. 设备材料统计范围：加药间房建筑轴线外一米至加药点的以内的工艺设备材料。

图名	加药系统剖面图	图号	53

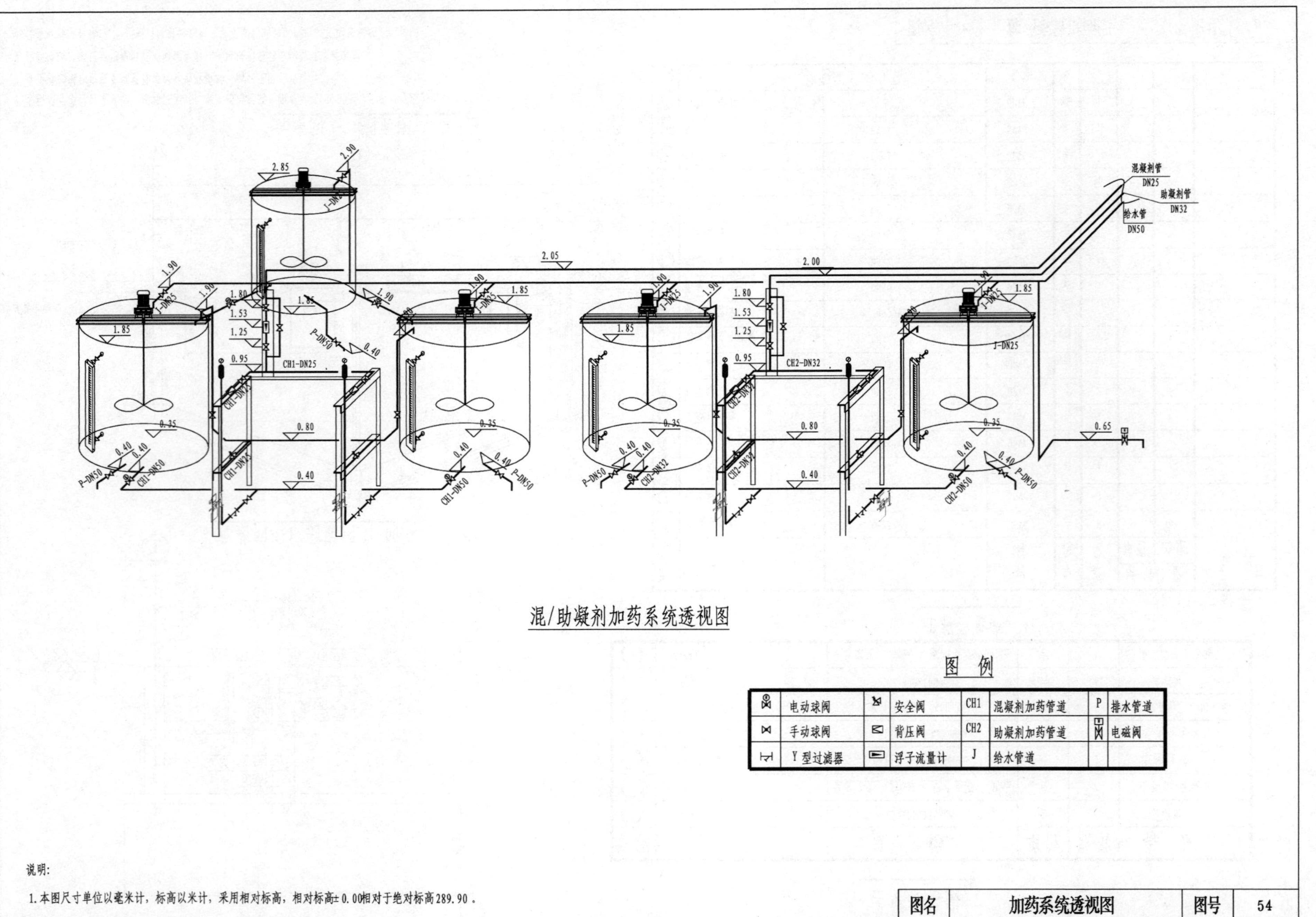

混/助凝剂加药系统透视图

图 例

符号	名称	符号	名称	代号	名称	代号	名称
	电动球阀		安全阀	CH1	混凝剂加药管道	P	排水管道
	手动球阀		背压阀	CH2	助凝剂加药管道		电磁阀
	Y型过滤器		浮子流量计	J	给水管道		

说明:

1.本图尺寸单位以毫米计，标高以米计，采用相对标高，相对标高±0.00相对于绝对标高289.90。

图名	加药系统透视图	图号	54

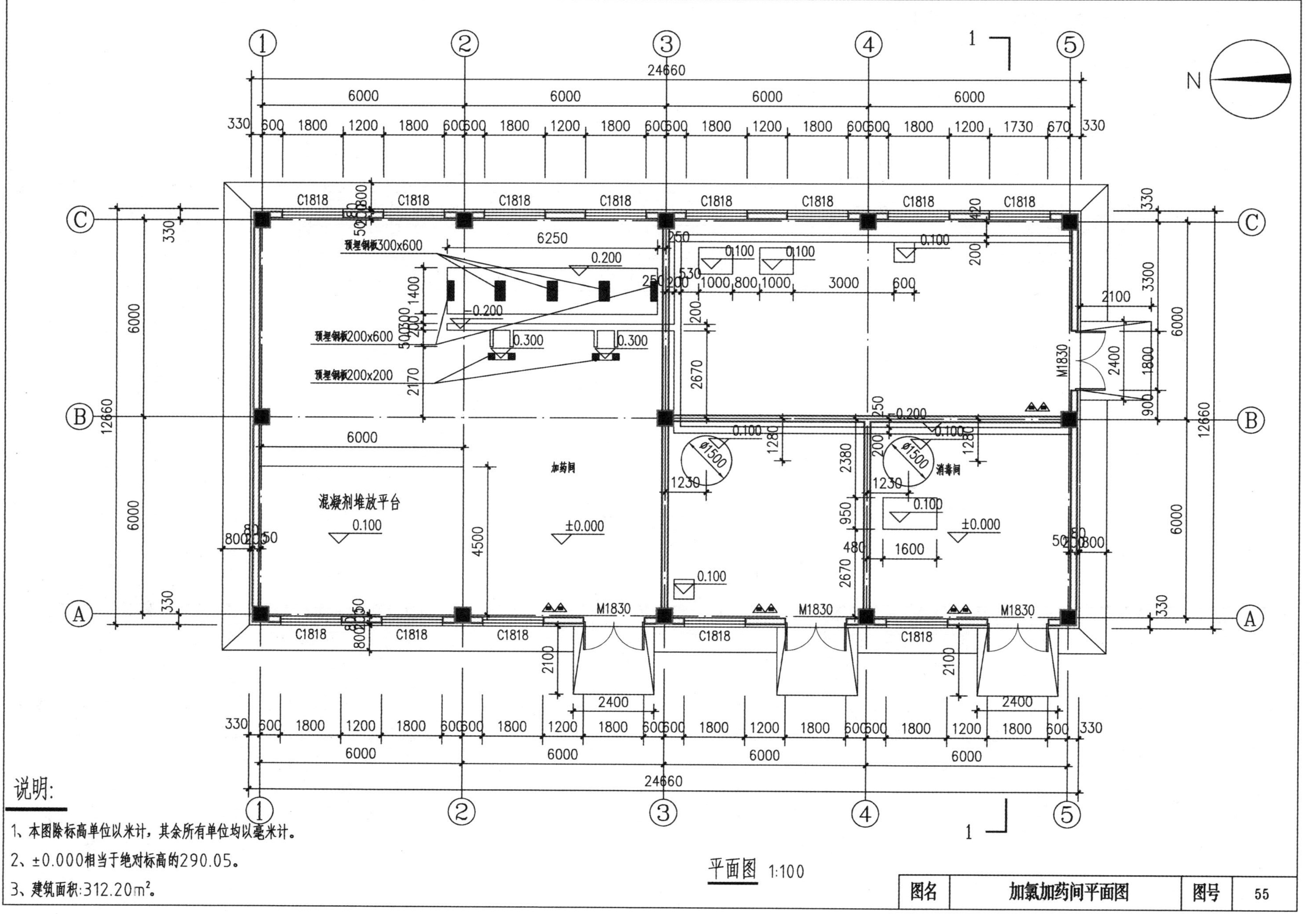

说明:

1、本图除标高单位以米计，其余所有单位均以毫米计。

2、±0.000相当于绝对标高的290.05。

3、建筑面积:312.20m²。

平面图 1:100

图名	加氯加药间平面图	图号	55

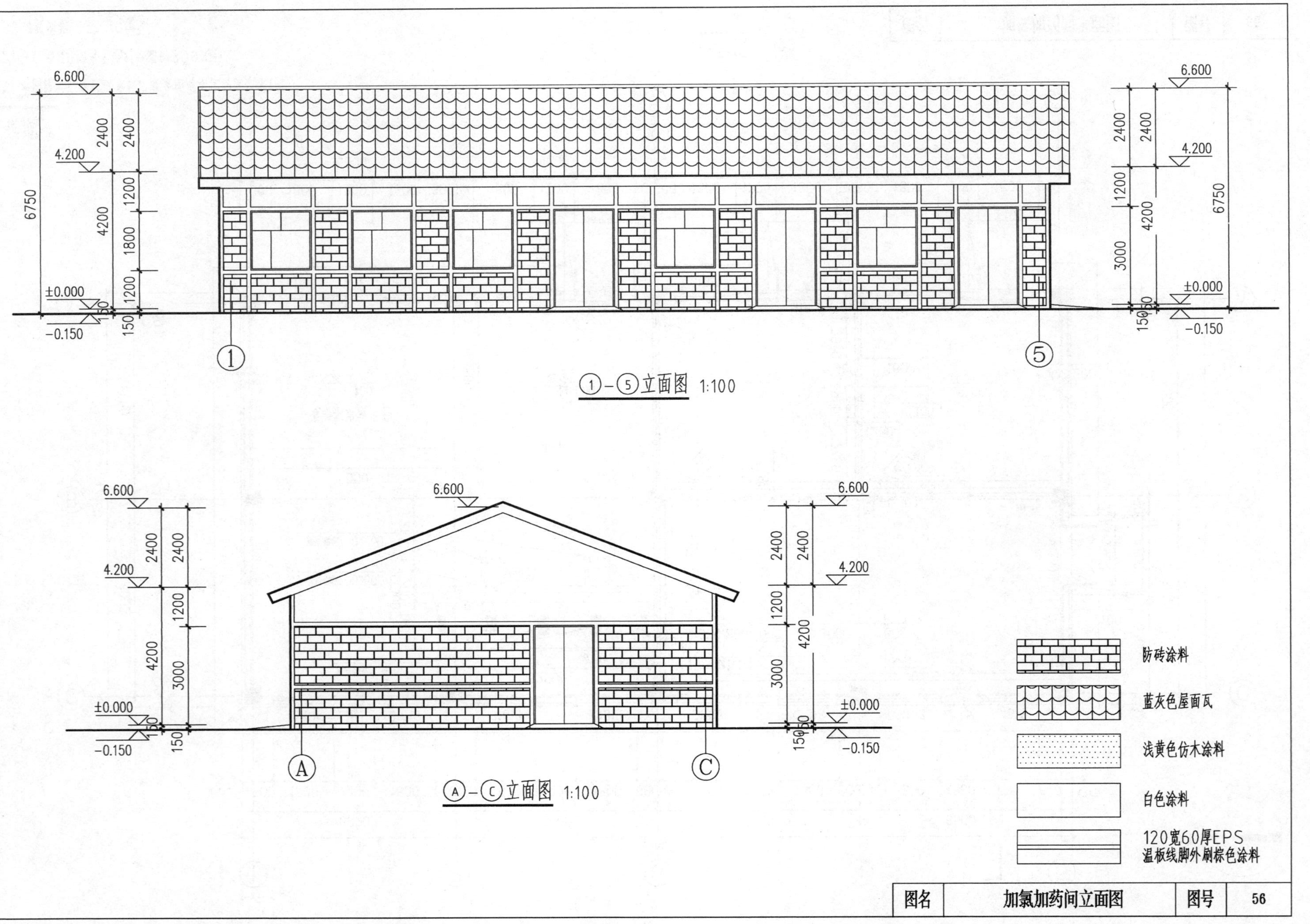
①-⑤立面图 1:100
Ⓐ-Ⓒ立面图 1:100
防砖涂料
蓝灰色屋面瓦
浅黄色仿木涂料
白色涂料
120宽60厚EPS
温板线脚外刷棕色涂料
图名
加氯加药间立面图
图号
56

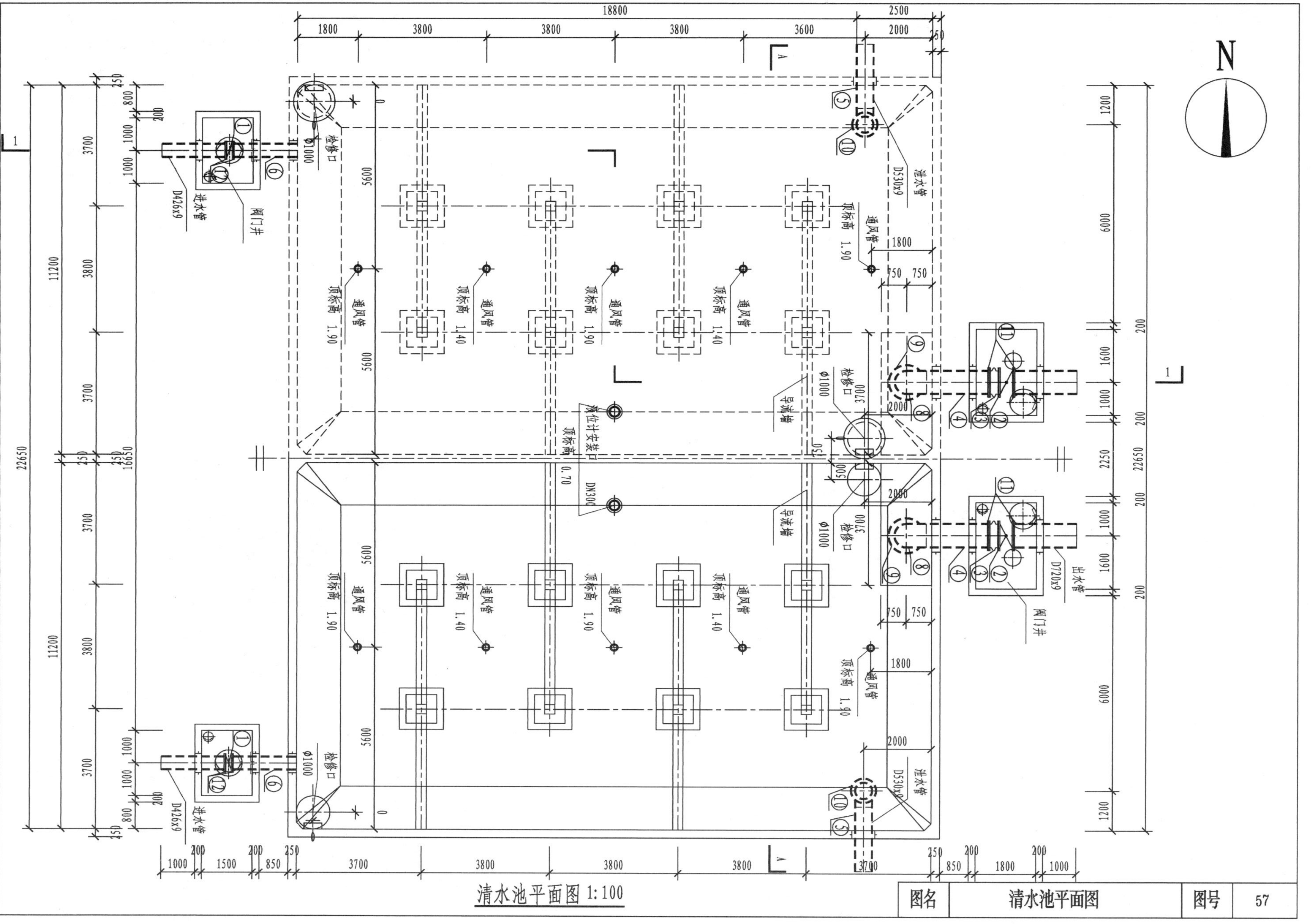

清水池平面图 1:100

图名	清水池平面图	图号	57

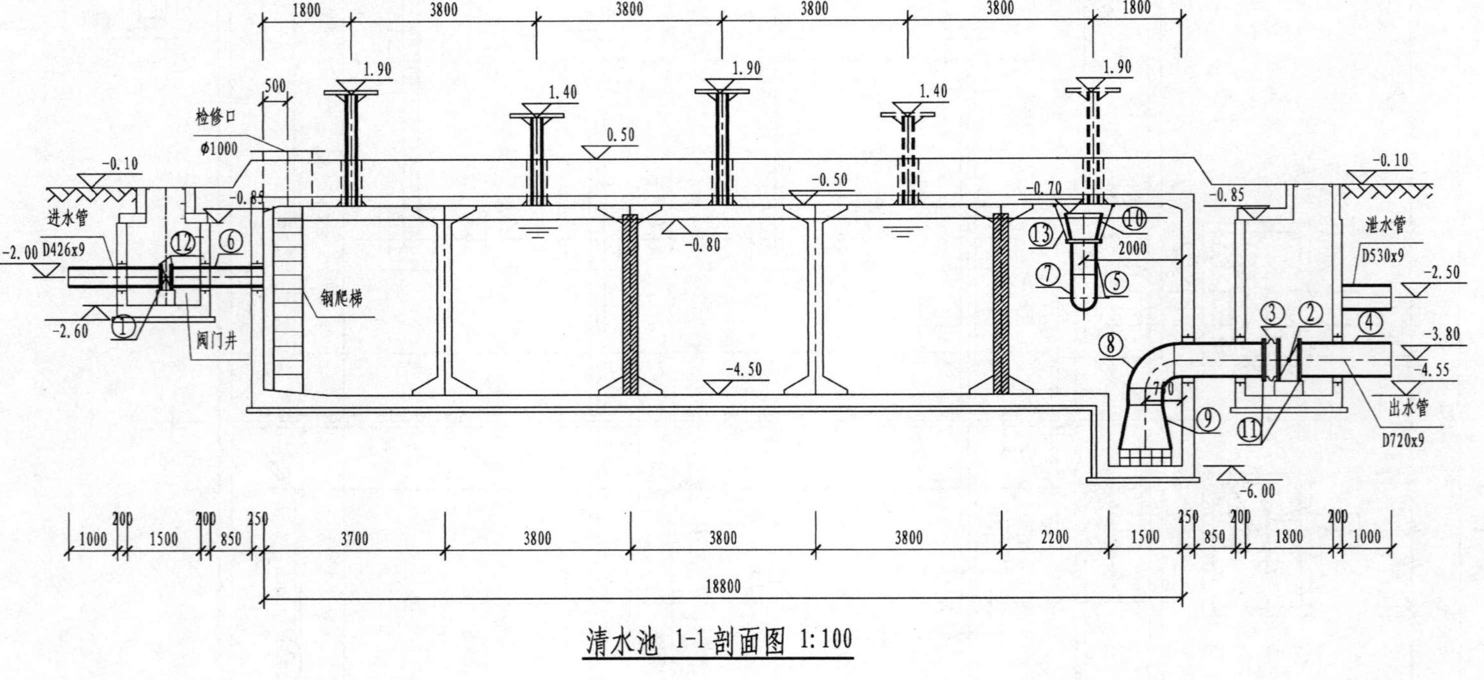

清水池 1-1 剖面图 1:100

说明:

1. 本图尺寸单位以毫米计，标高以米计，采用相对标高，相对标高± 0.00相对于绝对标高 289.90 。

3. 本工程共建 2 座清水池，单座容积为 800m³。

4. 图中爬梯仅为示意，具体由土建核实。检修口（混凝土）及钢盖板、钢爬梯及通风口等由土建负责制作。

5. 池底排水坡i=0.005，坡向集水坑，集水坑及水管吊架做法参见标准图集《矩形钢筋混凝土蓄水池》05S804 。

6. 导流墙顶距池顶底板 200mm，导流墙底部距柱中心 1900mm 设 120x120mm清扫口。

7. 溢流口、通风口及液位计安装口做法参见标准图集《矩形钢筋混凝土蓄水池》05S804 。

8. 防水套管详见标准图集 02S404 刚性防水套管 A 型，由土建施工完成。

9. 阀门井做法参见标准图集《室外给水管道附属构筑物》 05S502，图中仅为示意，具体由土建负责制作。

10. 清水池放空采用移动式潜水泵，也可采用放空阀，需根据厂区排水系统调整。

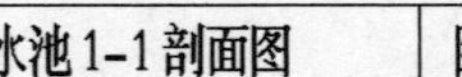

图名	清水池 1-1 剖面图	图号	58

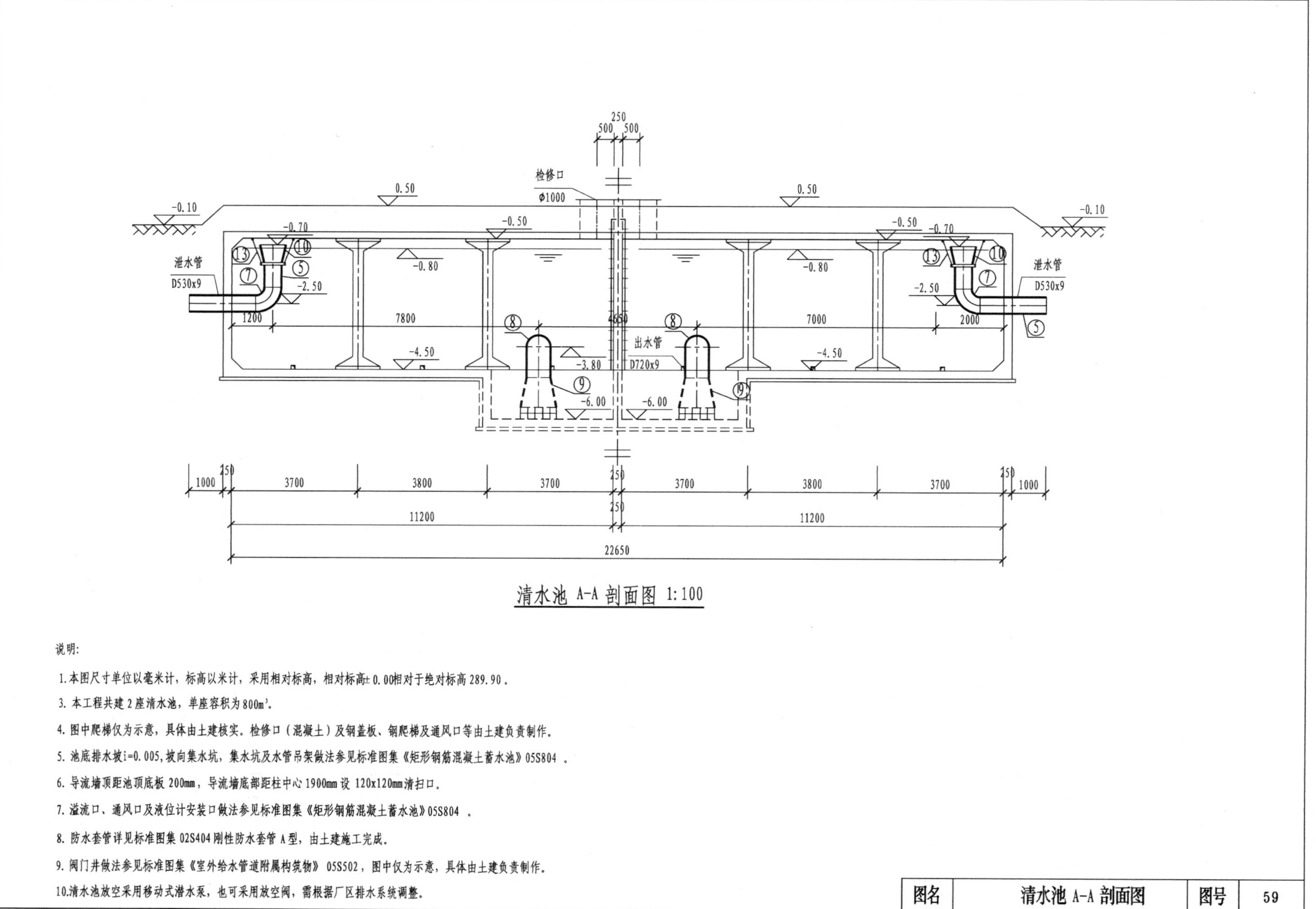

清水池 A-A 剖面图 1:100

说明:

1.本图尺寸单位以毫米计，标高以米计，采用相对标高，相对标高± 0.00相对于绝对标高 289.90 。

3. 本工程共建 2 座清水池，单座容积为 800m³。

4. 图中爬梯仅为示意，具体由土建核实。检修口（混凝土）及钢盖板、钢爬梯及通风口等由土建负责制作。

5. 池底排水坡i=0.005，坡向集水坑，集水坑及水管吊架做法参见标准图集《矩形钢筋混凝土蓄水池》05S804 。

6. 导流墙顶距池顶底板 200mm，导流墙底部距柱中心 1900mm 设 120x120mm 清扫口。

7. 溢流口、通风口及液位计安装口做法参见标准图集《矩形钢筋混凝土蓄水池》05S804 。

8. 防水套管详见标准图集 02S404 刚性防水套管 A 型，由土建施工完成。

9. 阀门井做法参见标准图集《室外给水管道附属构筑物》 05S502，图中仅为示意，具体由土建负责制作。

10.清水池放空采用移动式潜水泵，也可采用放空阀，需根据厂区排水系统调整。

图名	清水池 A-A 剖面图	图号	59

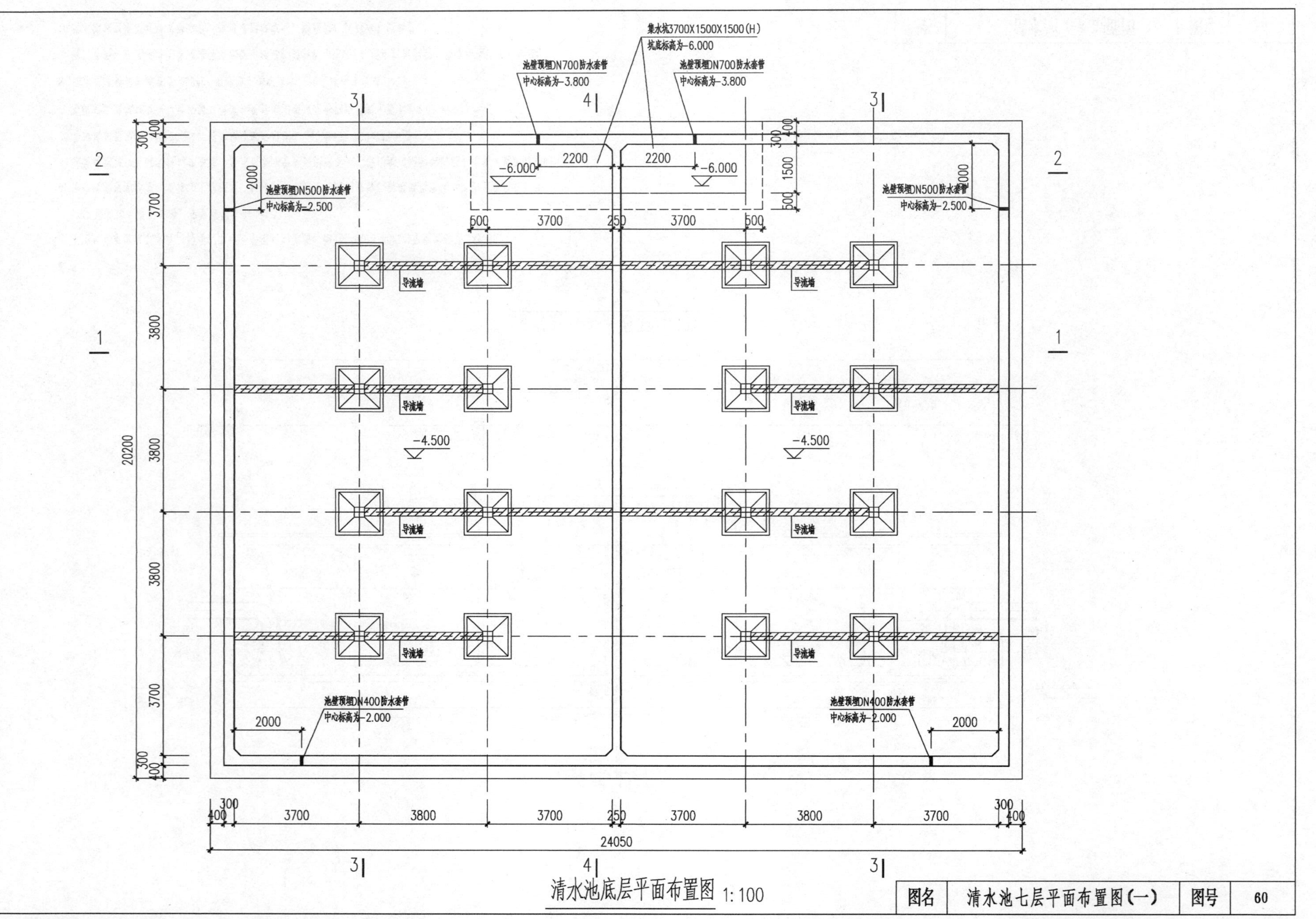

清水池底层平面布置图 1:100

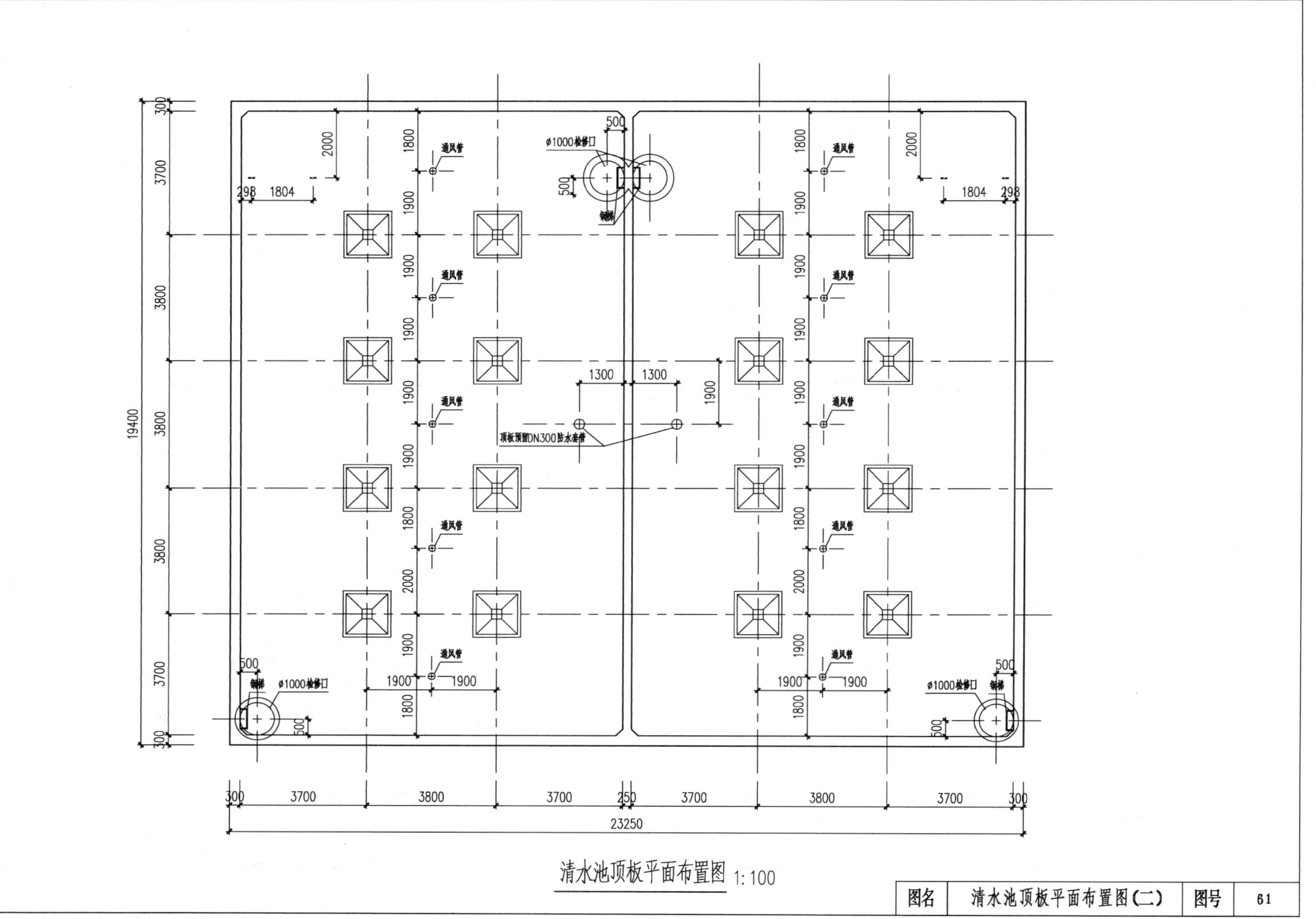

清水池顶板平面布置图 1:100

图名	清水池顶板平面布置图(二)	图号	61

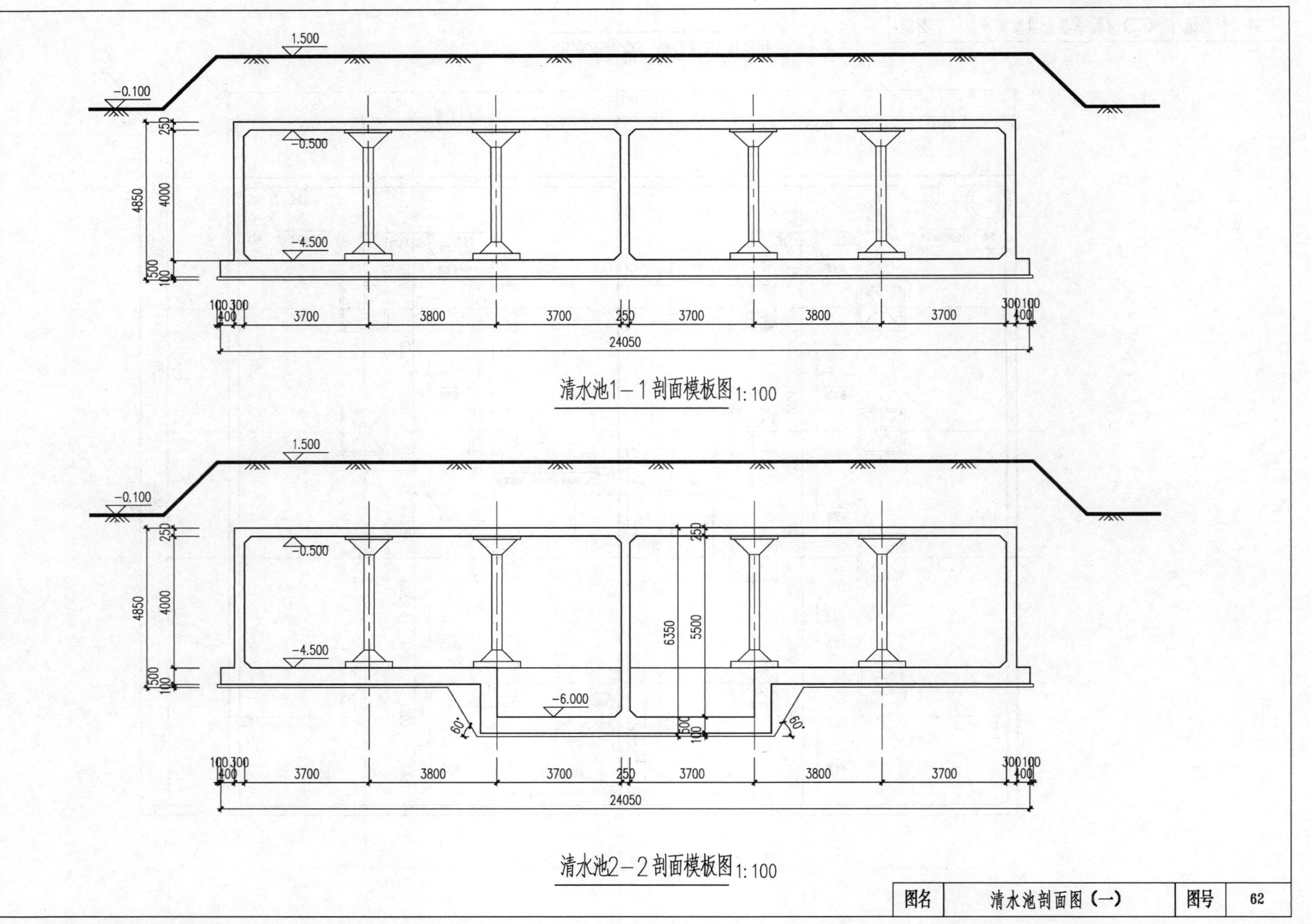
1.500
-0.100
-0.500
-4.500
250
4000
4850
500
100
100 300
400
3700
3800
3700
250
3700
3800
3700
300 100
400
24050
清水池1－1剖面模板图1:100
1.500
-0.100
-0.500
-4.500
-6.000
60°
6350
5500
清水池2－2剖面模板图1:100
图名
清水池剖面图（一）
图号
62

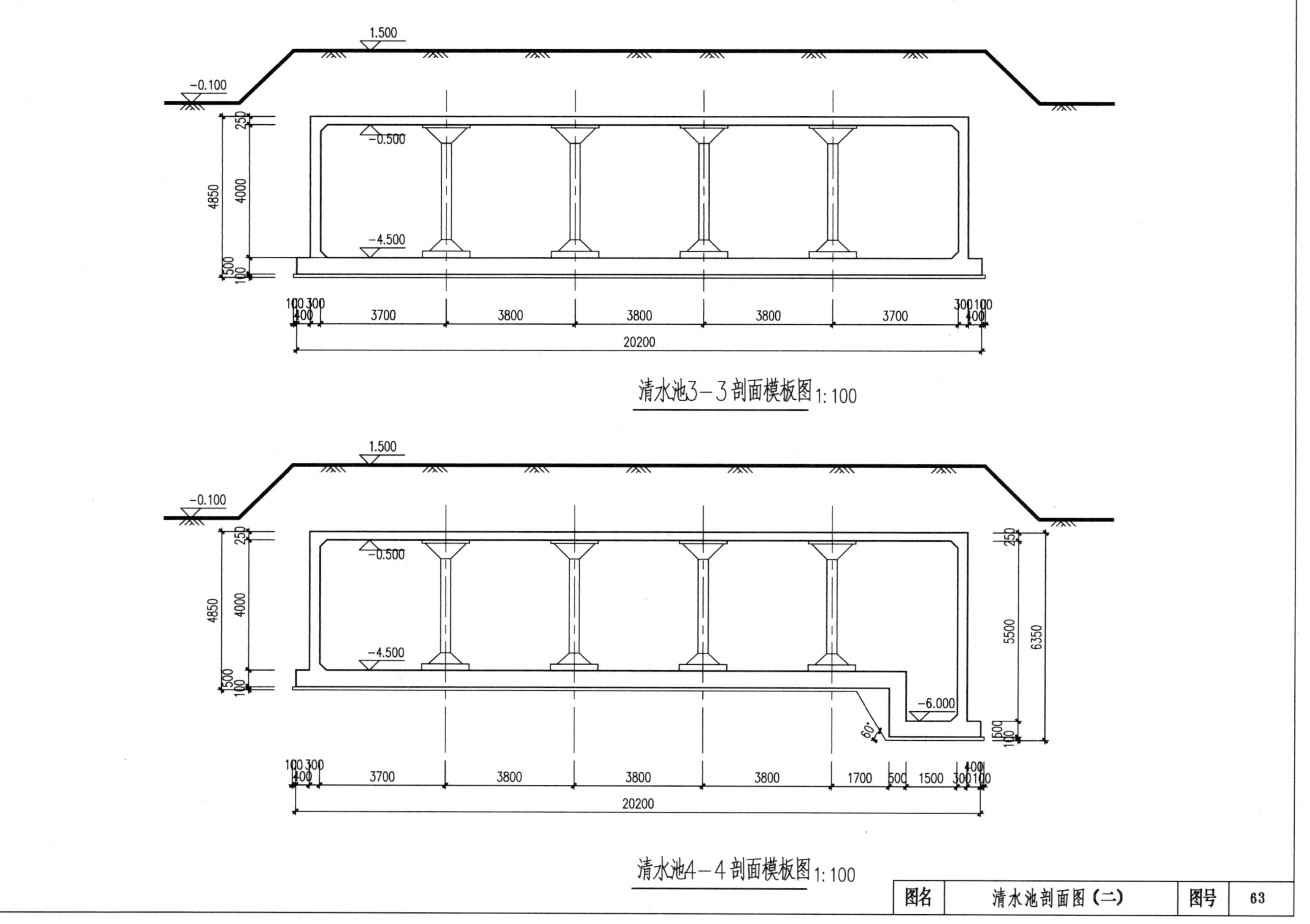

清水池3－3剖面模板图 1:100

清水池4－4剖面模板图 1:100

图名	清水池剖面图（二）	图号	63

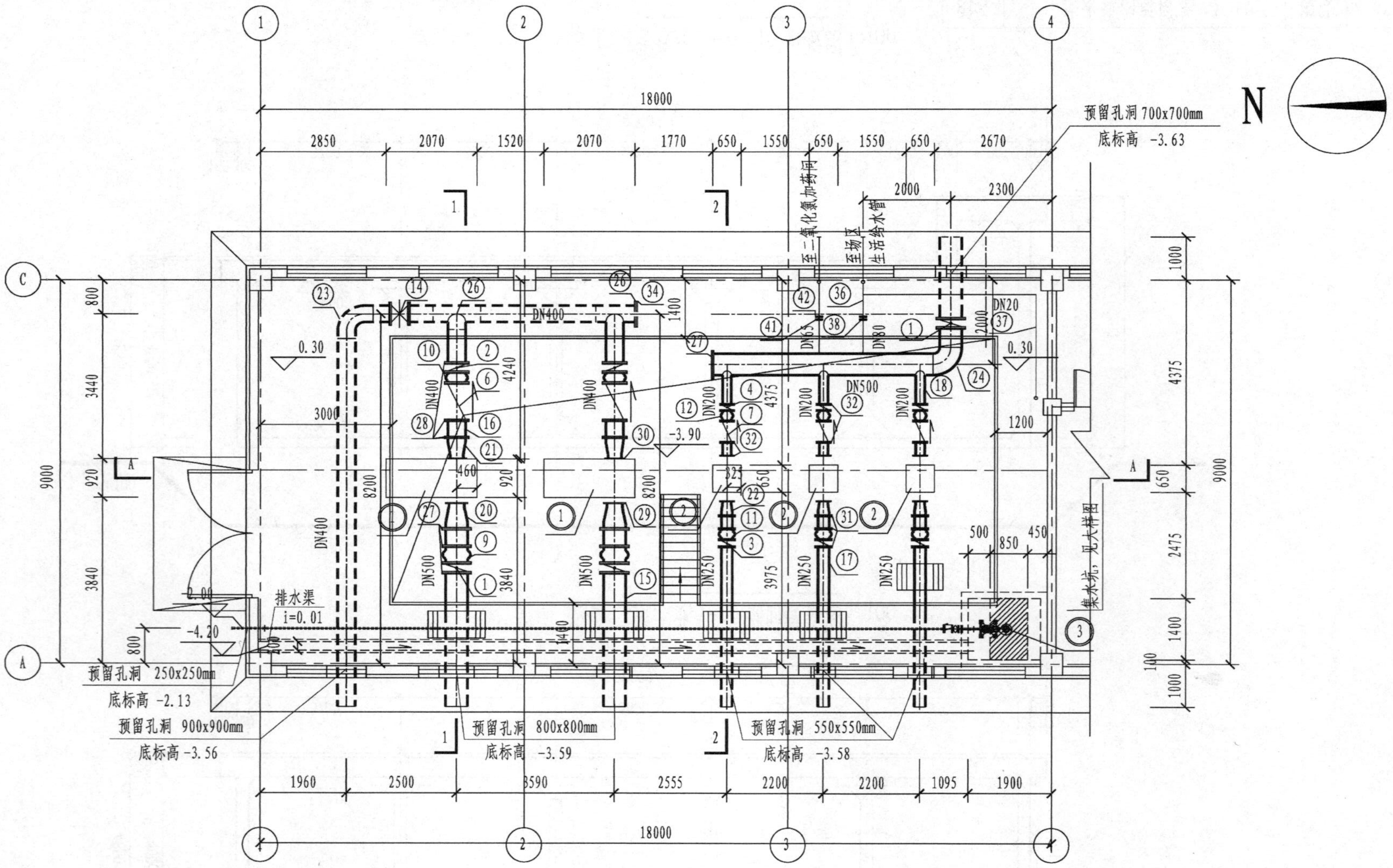

N
18000
2850
2070
1520
2070
1770
650
1550
650
1550
650
2670
预留孔洞 700x700mm
底标高 -3.63
至二氧化氯加药间
至厂区生活给水管
2000
2300
DN400
DN20
DN63
DN80
DN500
DN200
DN250
0.30
-3.90
4240
4375
3975
3000
8200
1200
460
920
650
500
850
450
排水渠
i=0.01
-4.20
集水坑，见大样图
预留孔洞 250x250mm
底标高 -2.13
预留孔洞 900x900mm
底标高 -3.56
预留孔洞 800x800mm
底标高 -3.59
预留孔洞 550x550mm
底标高 -3.58
1960
2500
3590
2555
2200
2200
1095
1900
9000
800
3440
920
3840
1000
4375
2475
1400
100

送水泵房机组平面布置图 1:100

说明:

1. 本图尺寸单位以毫米计，标高以米计，采用相对标高，相对标高±0.00相对于绝对标高 289.90。
2. 本工程处理水量为10000m³/d，图中所示建构筑物墙体厚度仅为示意，由土建专业核实。
3. 设备安装完成后，不允许出现渗漏等异常现象，室内地面向排水沟有5‰的坡度。
4. 泵基础浇筑前应与到货后的设备核对。
5. 潜污泵安装由于振动小可不做基础，待设备到现场后采用螺栓与底板固定即可。
6. 阀门、橡胶接头等根据具体尺寸根据现场情况进行安装。

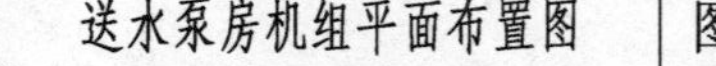

图名	送水泵房机组平面布置图	图号	64

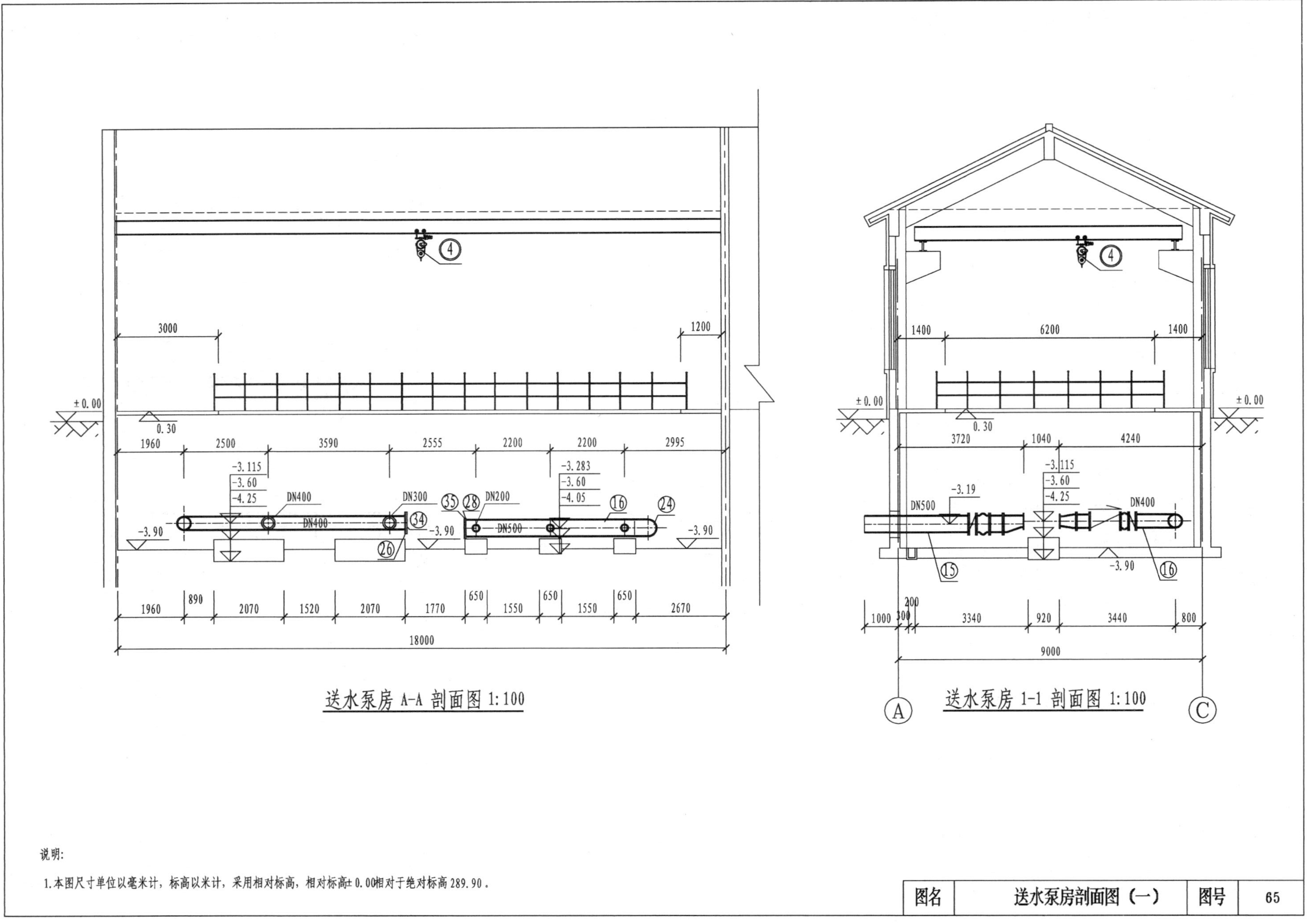

送水泵房 A-A 剖面图 1:100
送水泵房 1-1 剖面图 1:100
±0.00
0.30
-3.90
-3.115
-3.60
-4.25
-3.283
-4.05
-3.19
DN400
DN300
DN200
DN500
18000
9000
说明:
1.本图尺寸单位以毫米计，标高以米计，采用相对标高，相对标高±0.00相对于绝对标高289.90.
图名
送水泵房剖面图（一）
图号
65

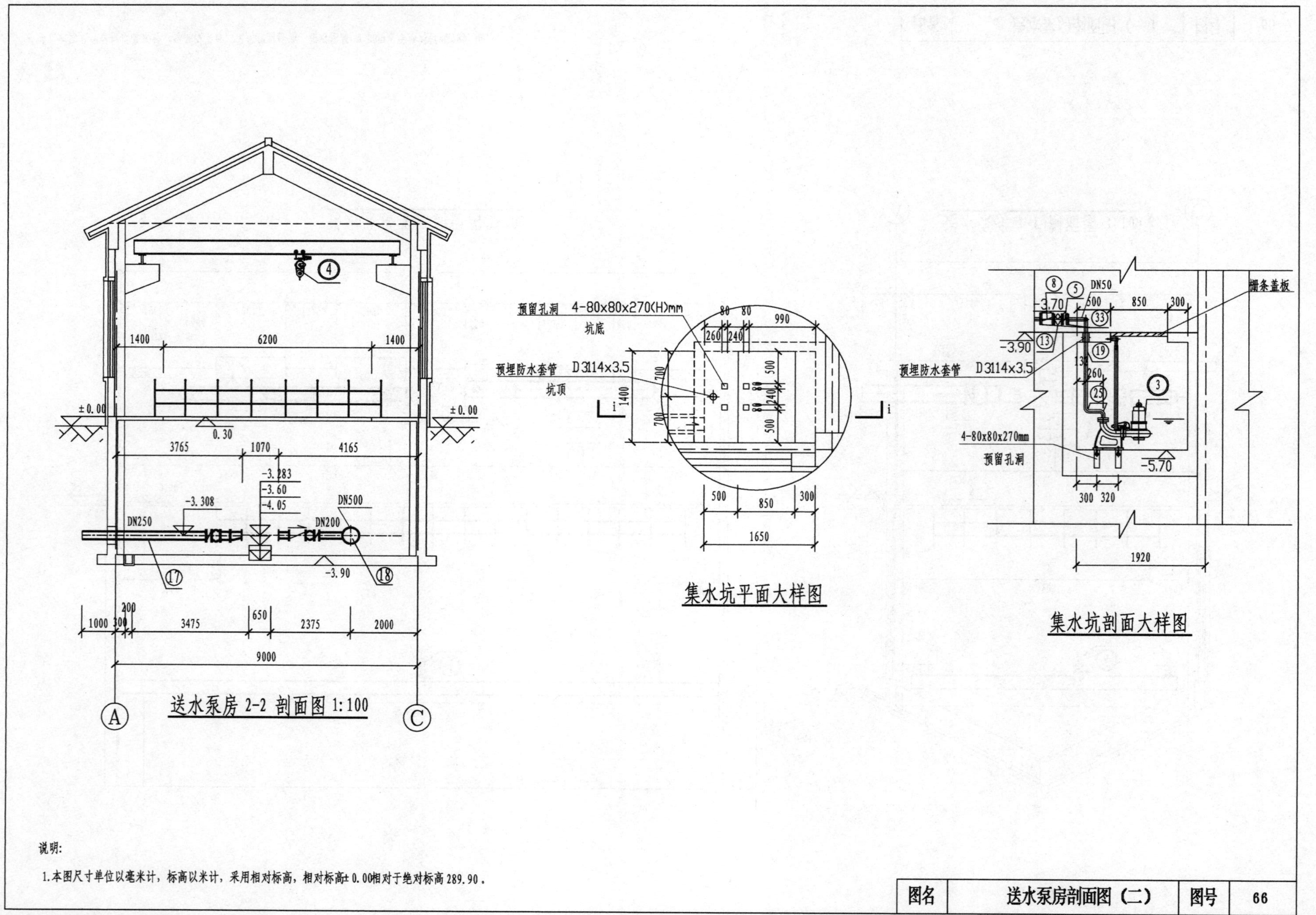

送水泵房 2-2 剖面图 1:100

集水坑平面大样图

集水坑剖面大样图

说明:

1.本图尺寸单位以毫米计，标高以米计，采用相对标高，相对标高±0.00相对于绝对标高289.90。

图名	送水泵房剖面图（二）	图号	66

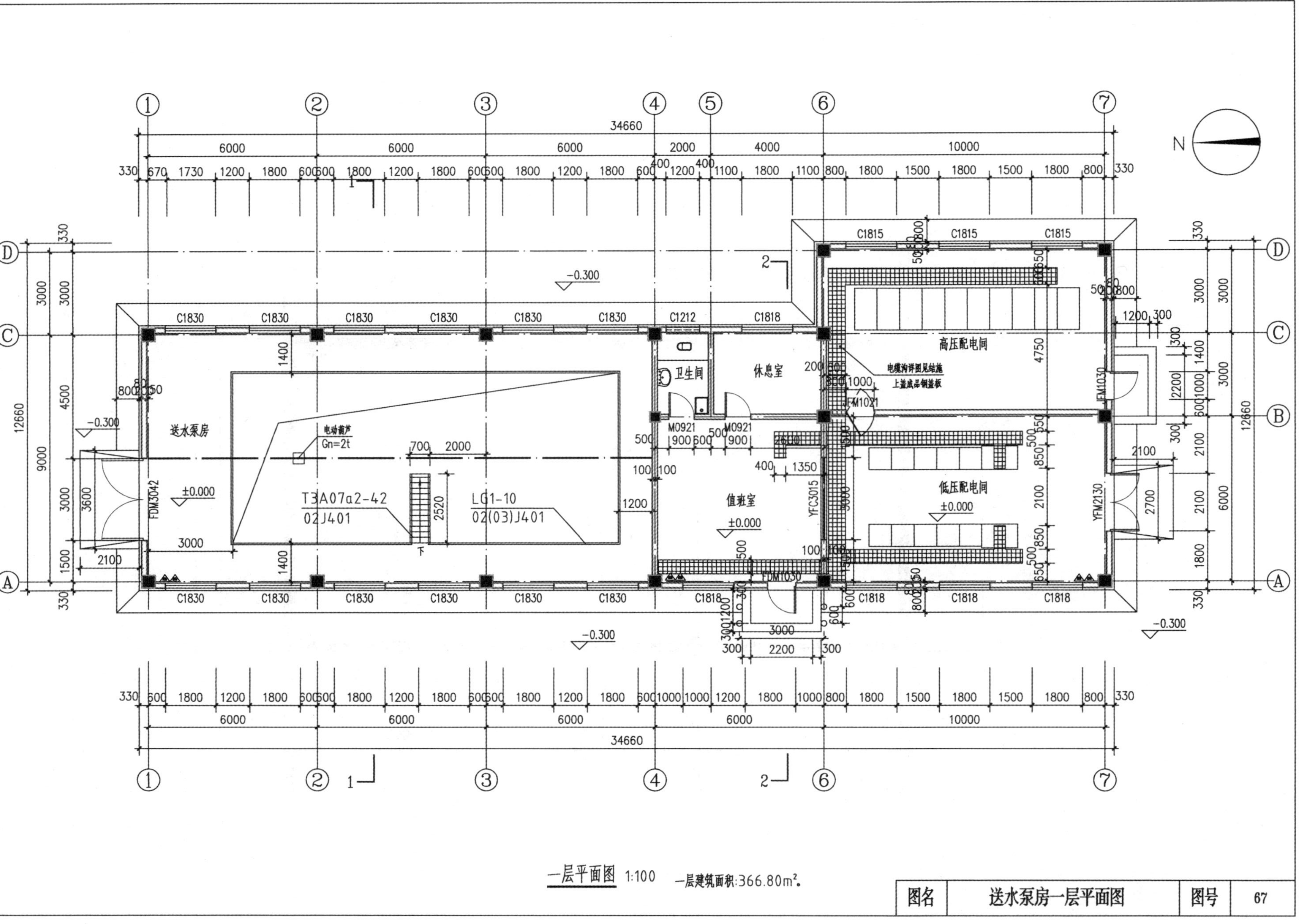

图名	送水泵房一层平面图	图号	67

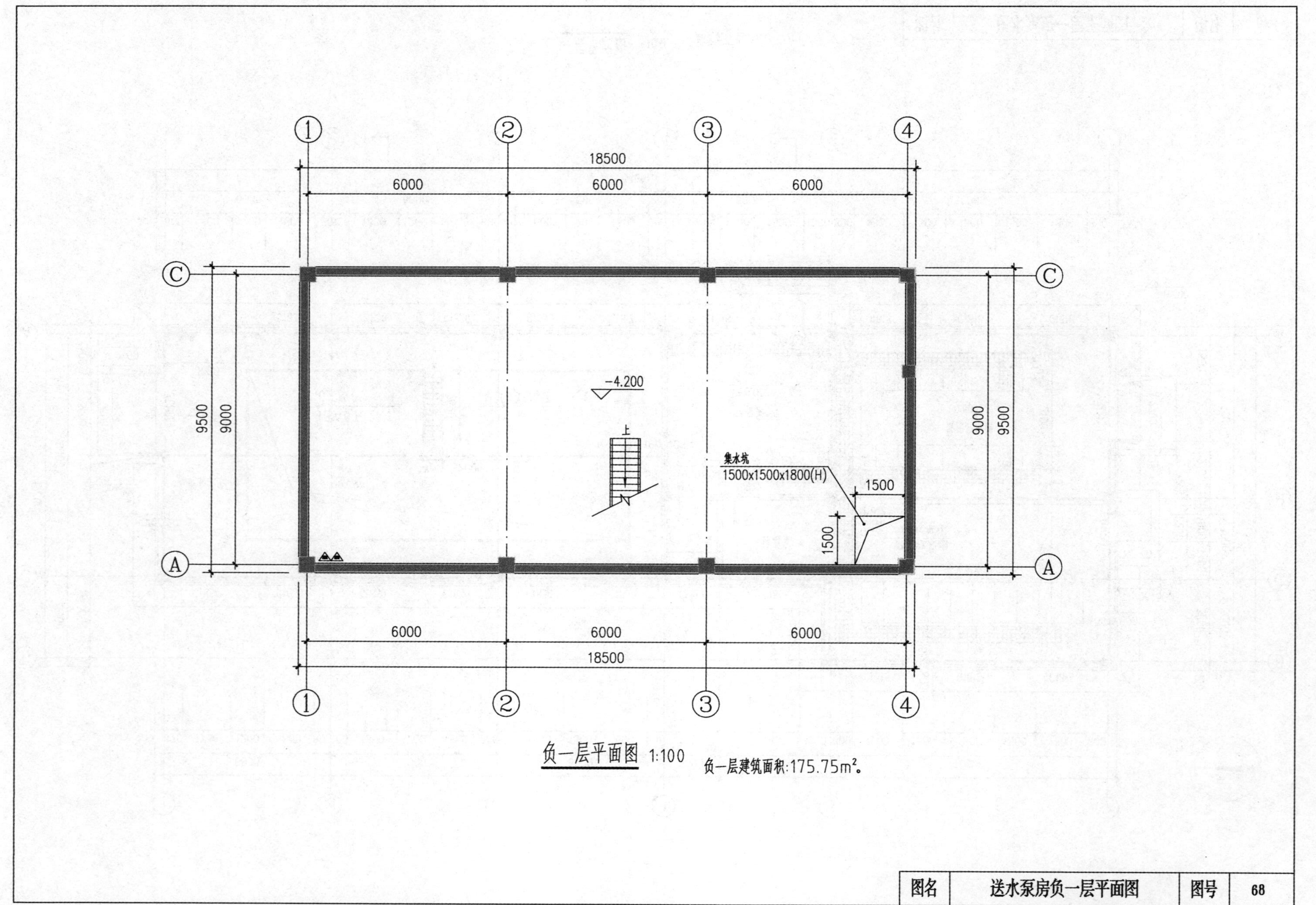

18500
6000
6000
6000
9500
9000
-4.200
上
集水坑
1500x1500x1800(H)
1500
1500
负一层平面图 1:100
负一层建筑面积:175.75m²。
图名
送水泵房负一层平面图
图号
68

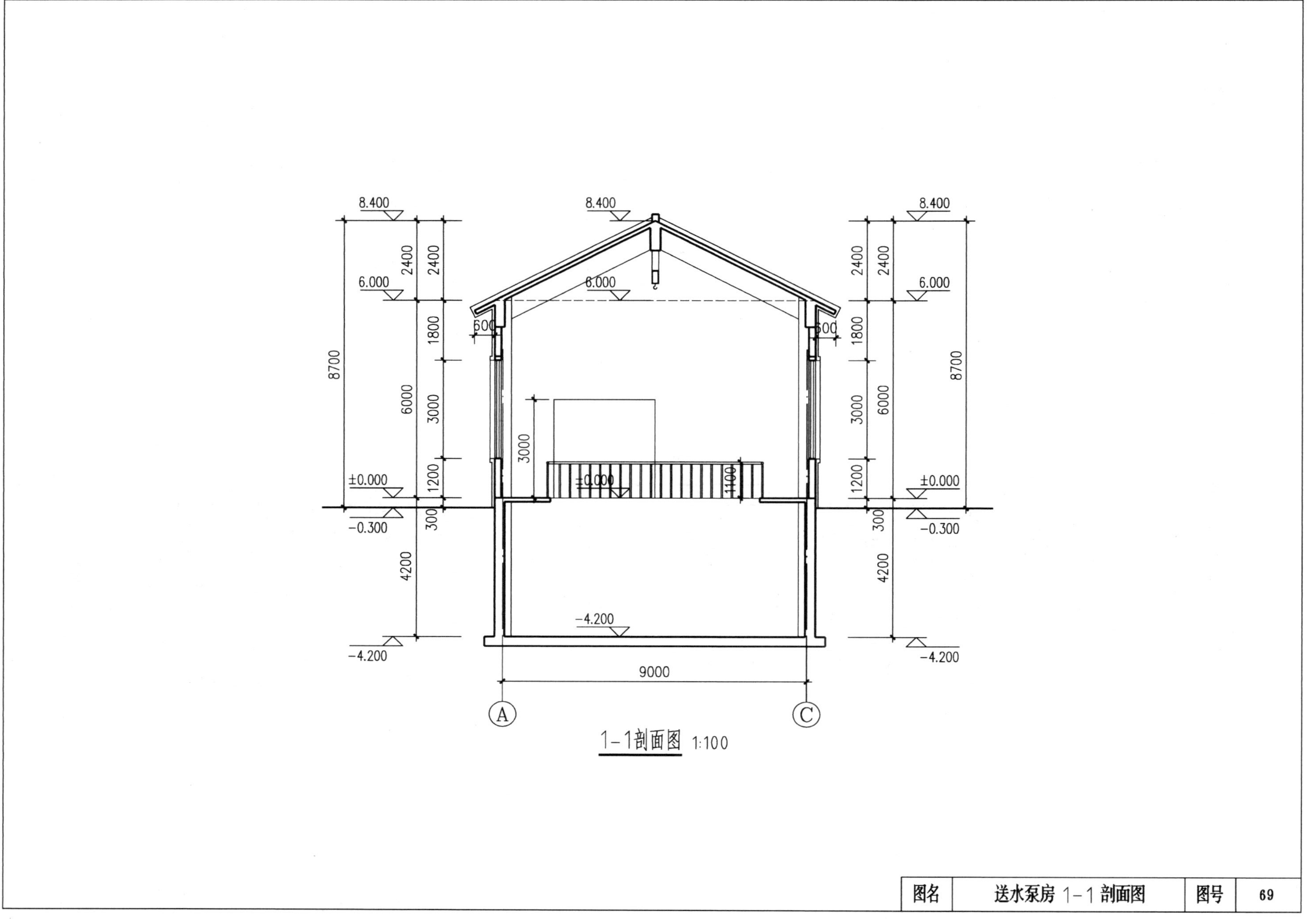

1-1剖面图 1:100

图名	送水泵房 1-1 剖面图	图号	69

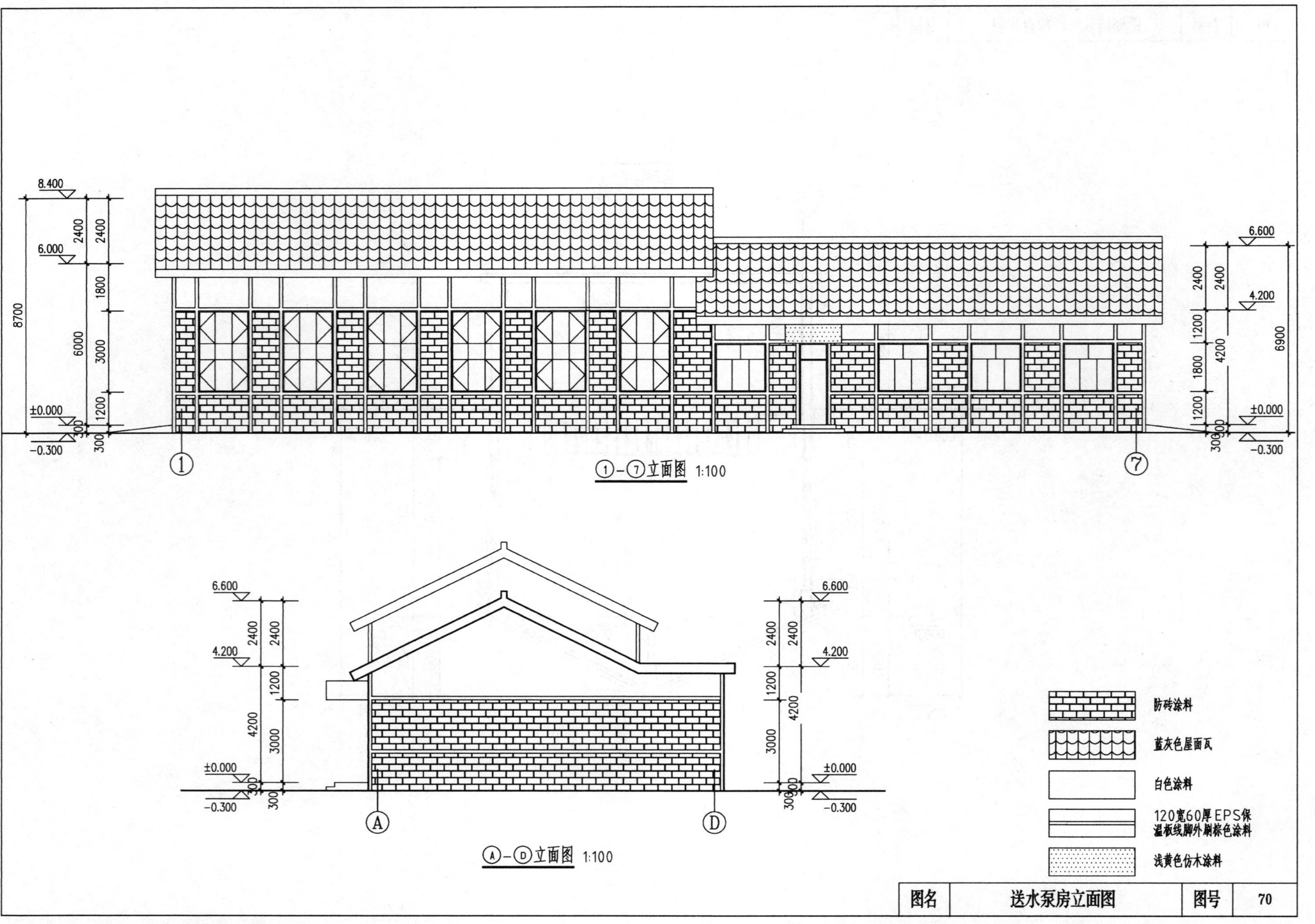
8.400
6.000
±0.000
-0.300
8700
6000
2400
1800
3000
1200
300
6.600
4.200
6900
4200
①-⑦立面图 1:100
Ⓐ-Ⓓ立面图 1:100
防砖涂料
蓝灰色屋面瓦
白色涂料
120宽60厚EPS保温板线脚外刷棕色涂料
浅黄色仿木涂料
图名
送水泵房立面图
图号
70

L-1(1) 300X400
Φ8@200(2)
3Φ16; 3Φ16
梁顶标高-1.000
800X800人孔
爬梯
顶层底层两层钢筋
Φ12@200
预制盖板（共4块）

流量计井顶板平面图1:50

注?1?顶板保温防水做法见标准图02J003第95页节点2?
其中保温板厚采用100mm挤塑型苯板?防水层采用SBS卷材防水层?

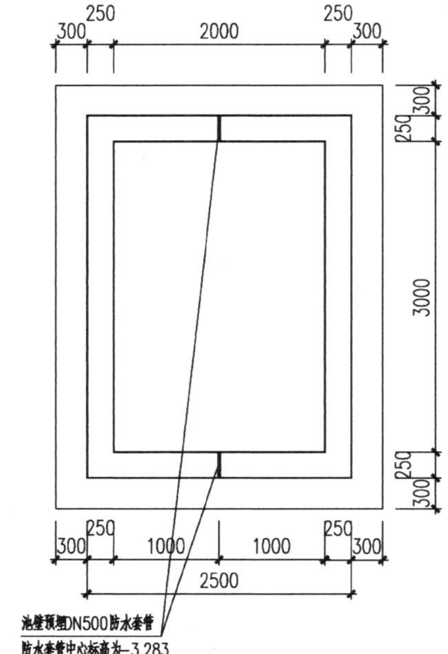

流量计井井壁及底板平面图1:50

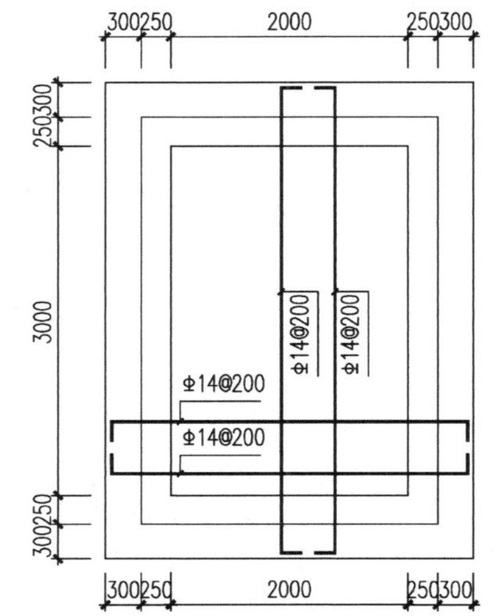

流量计井底板平面配筋图1:50

说明:

1. 本图尺寸: 标高以米计,其余以毫米计.
2. 材料: 混凝土强度等级为C30,抗渗等级S6?抗冻等级F200.
3. 钢筋Φ为HPB235级筋,Φ为HRB335级筋.
4. 混凝土保护层: 顶板上层筋30mm,下层30mm,底板上层筋40,下层筋30.
   壁板内层筋30mm外层筋35.
5. 爬梯防腐采用朱红环氧脂底漆一道,环氧漆二道,厚度为200微米.

图名	流量计井结构图（一）	图号	71

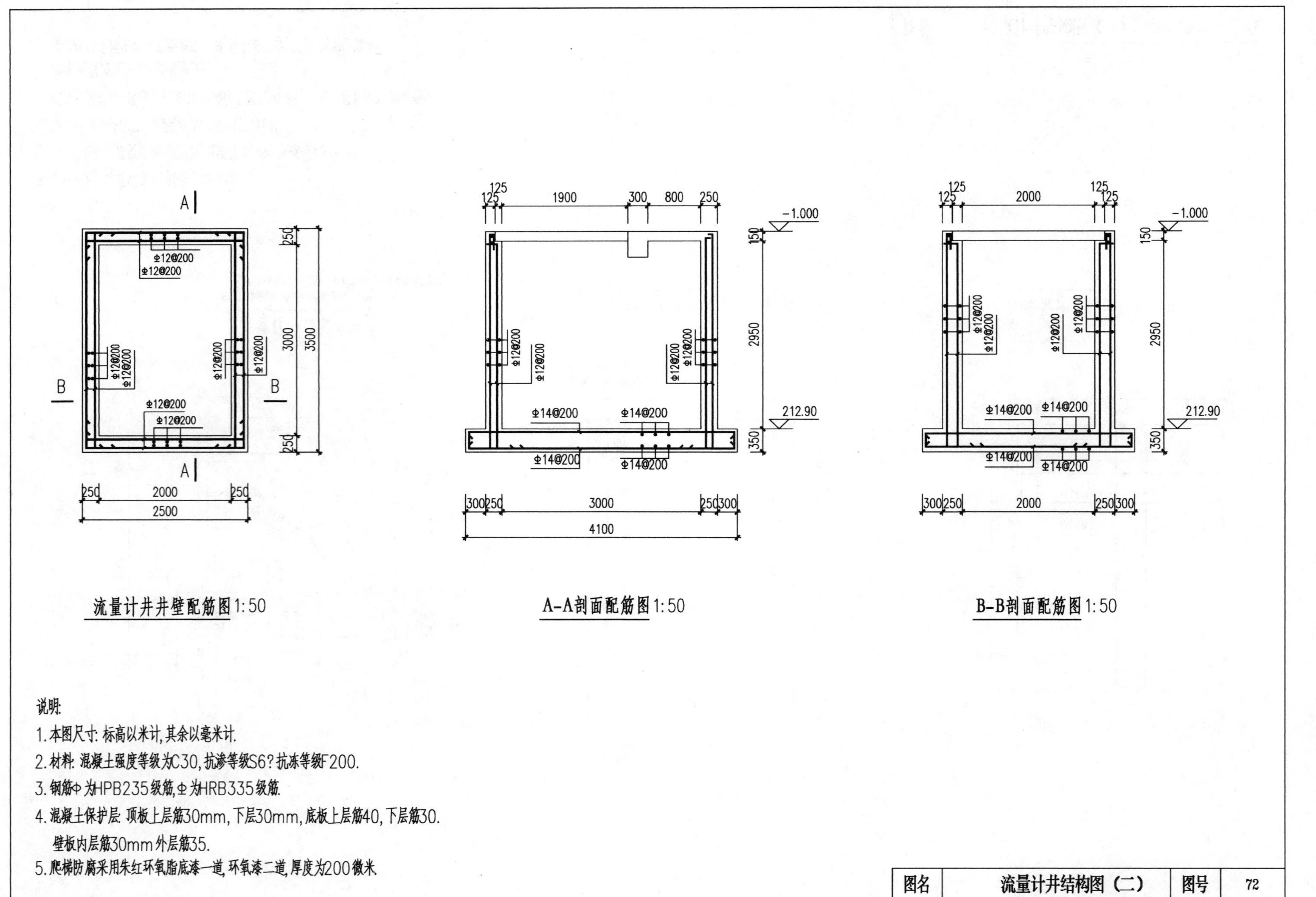

说明:

1. 本图尺寸: 标高以米计，其余以毫米计.
2. 材料: 混凝土强度等级为C30，抗渗等级S6?抗冻等级F200.
3. 钢筋Φ为HPB235级筋，Φ为HRB335级筋.
4. 混凝土保护层: 顶板上层筋30mm，下层30mm，底板上层筋40，下层筋30.
   壁板内层筋30mm外层筋35.
5. 爬梯防腐采用朱红环氧脂底漆一道，环氧漆二道，厚度为200微米.

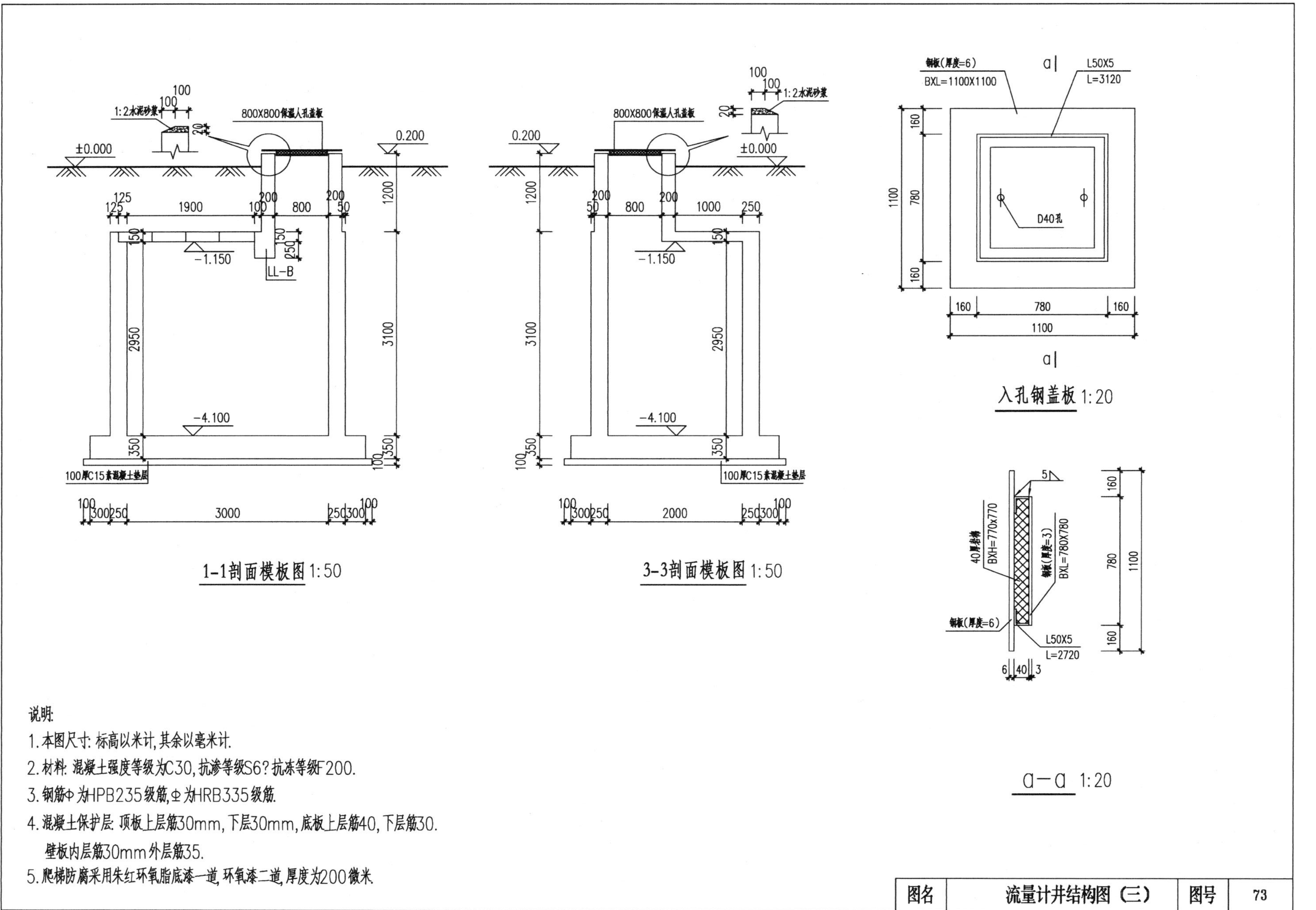

1:2水泥砂浆
800X800保温人孔盖板
±0.000
0.200
-1.150
-4.100
LL-B
100厚C15素混凝土垫层
1-1剖面模板图 1:50
3-3剖面模板图 1:50
钢板(厚度=6)
BXL=1100X1100
L50X5
L=3120
D40孔
入孔钢盖板 1:20
40厚岩棉
BXH=770x770
钢板(厚度=3)
BXL=780X780
L=2720
a—a 1:20
说明:
1.本图尺寸: 标高以米计,其余以毫米计.
2.材料: 混凝土强度等级为C30,抗渗等级S6?抗冻等级F200.
3.钢筋Φ 为HPB235级筋,Φ 为HRB335级筋.
4.混凝土保护层: 顶板上层筋30mm,下层30mm,底板上层筋40,下层筋30.
壁板内层筋30mm外层筋35.
5.爬梯防腐采用朱红环氧脂底漆一道,环氧漆二道,厚度为200微米.
图名
流量计井结构图(三)
图号
73

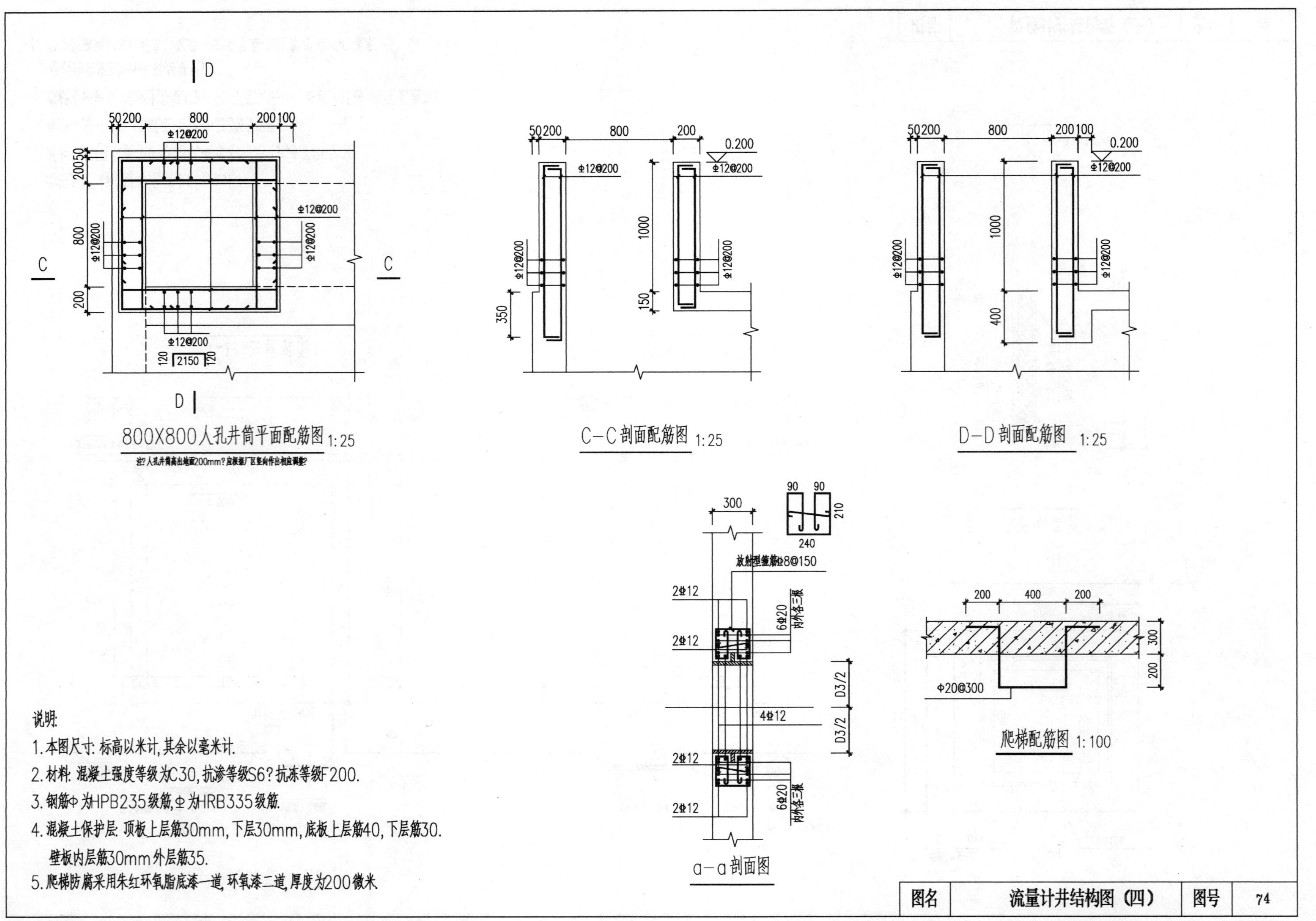

800X800人孔井筒平面配筋图 1:25

C—C剖面配筋图 1:25

D—D剖面配筋图 1:25

a—a剖面图

爬梯配筋图 1:100

说明:

1. 本图尺寸: 标高以米计，其余以毫米计.
2. 材料: 混凝土强度等级为C30，抗渗等级S6？抗冻等级F200.
3. 钢筋Φ为HPB235级筋，Φ为HRB335级筋.
4. 混凝土保护层: 顶板上层筋30mm，下层30mm，底板上层筋40，下层筋30.
   壁板内层筋30mm外层筋35.
5. 爬梯防腐采用朱红环氧脂底漆一道，环氧漆二道，厚度为200微米.

图名	流量计井结构图（四）	图号	74

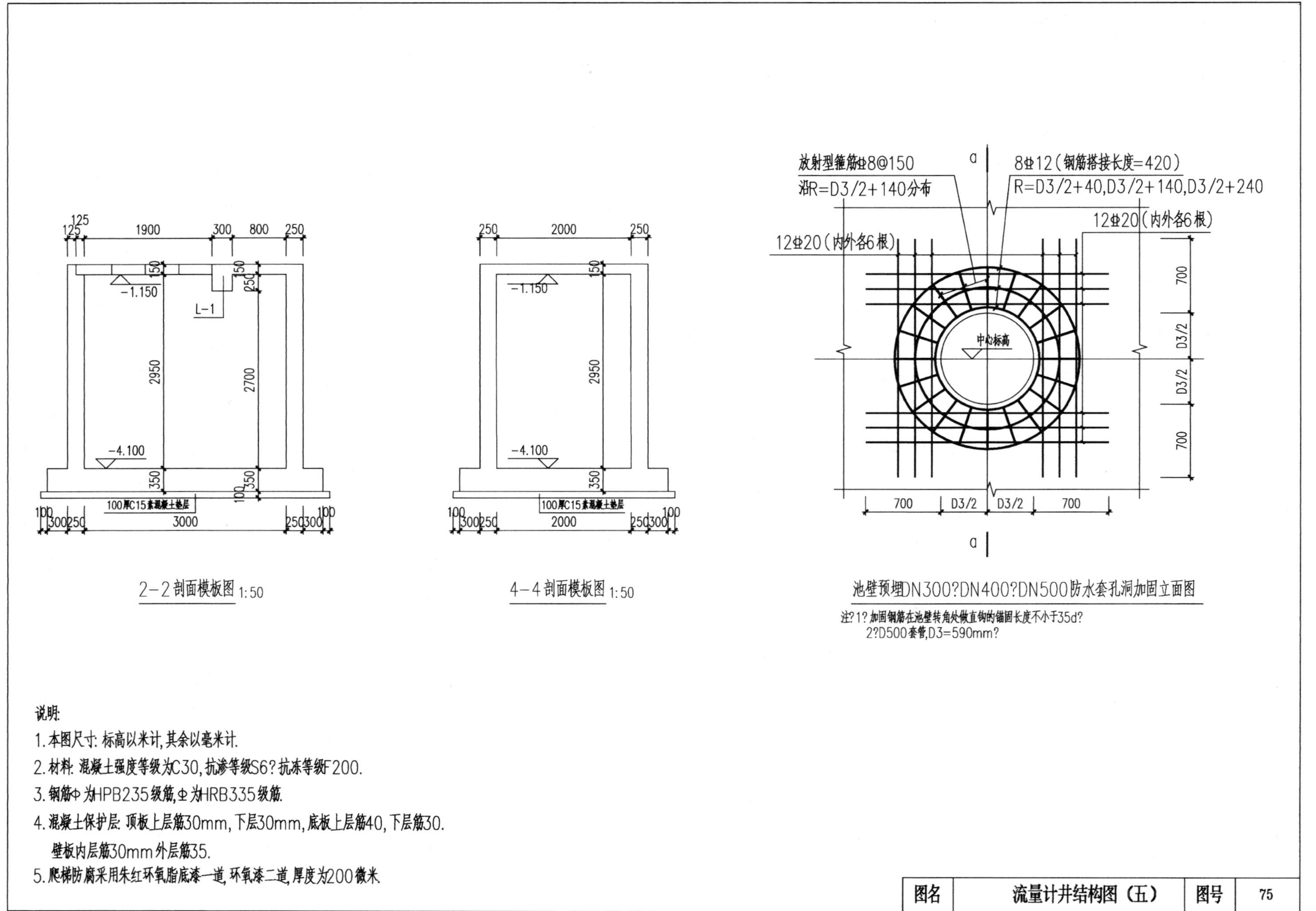

说明:

1. 本图尺寸: 标高以米计,其余以毫米计.
2. 材料: 混凝土强度等级为C30,抗渗等级S6?抗冻等级F200.
3. 钢筋φ 为HPB235级筋,Φ 为HRB335级筋.
4. 混凝土保护层: 顶板上层筋30mm, 下层30mm, 底板上层筋40, 下层筋30.
   壁板内层筋30mm 外层筋35.
5. 爬梯防腐采用朱红环氧脂底漆一道, 环氧漆二道, 厚度为200微米.

图名	流量计井结构图（五）	图号	75

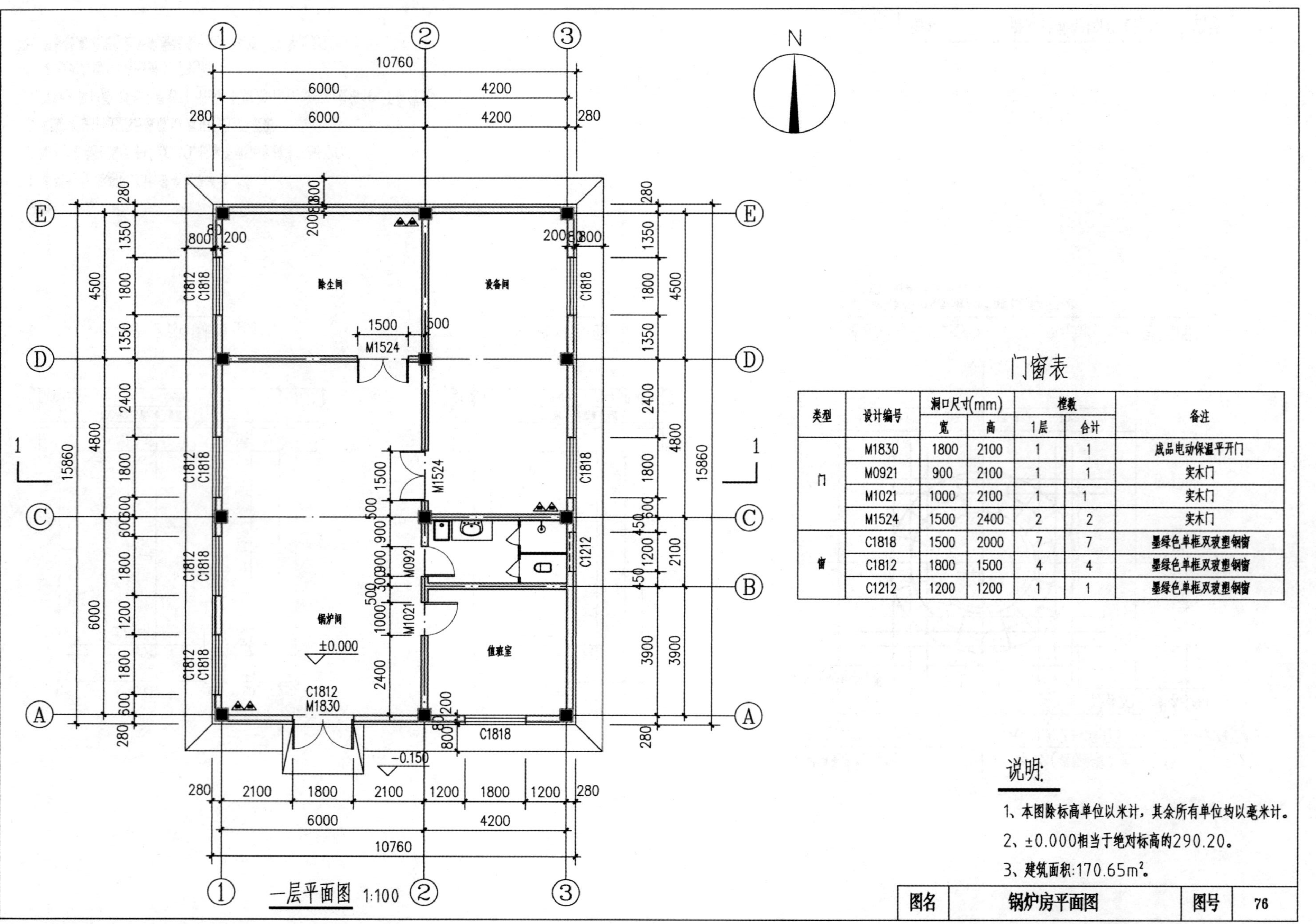

门窗表

类型	设计编号	洞口尺寸(mm)		樘数		备注
		宽	高	1层	合计	
门	M1830	1800	2100	1	1	成品电动保温平开门
	M0921	900	2100	1	1	实木门
	M1021	1000	2100	1	1	实木门
	M1524	1500	2400	2	2	实木门
窗	C1818	1500	2000	7	7	墨绿色单框双玻塑钢窗
	C1812	1800	1500	4	4	墨绿色单框双玻塑钢窗
	C1212	1200	1200	1	1	墨绿色单框双玻塑钢窗

说明:

1、本图除标高单位以米计，其余所有单位均以毫米计。

2、±0.000相当于绝对标高的290.20。

3、建筑面积:170.65m²。

图名	锅炉房平面图	图号	76

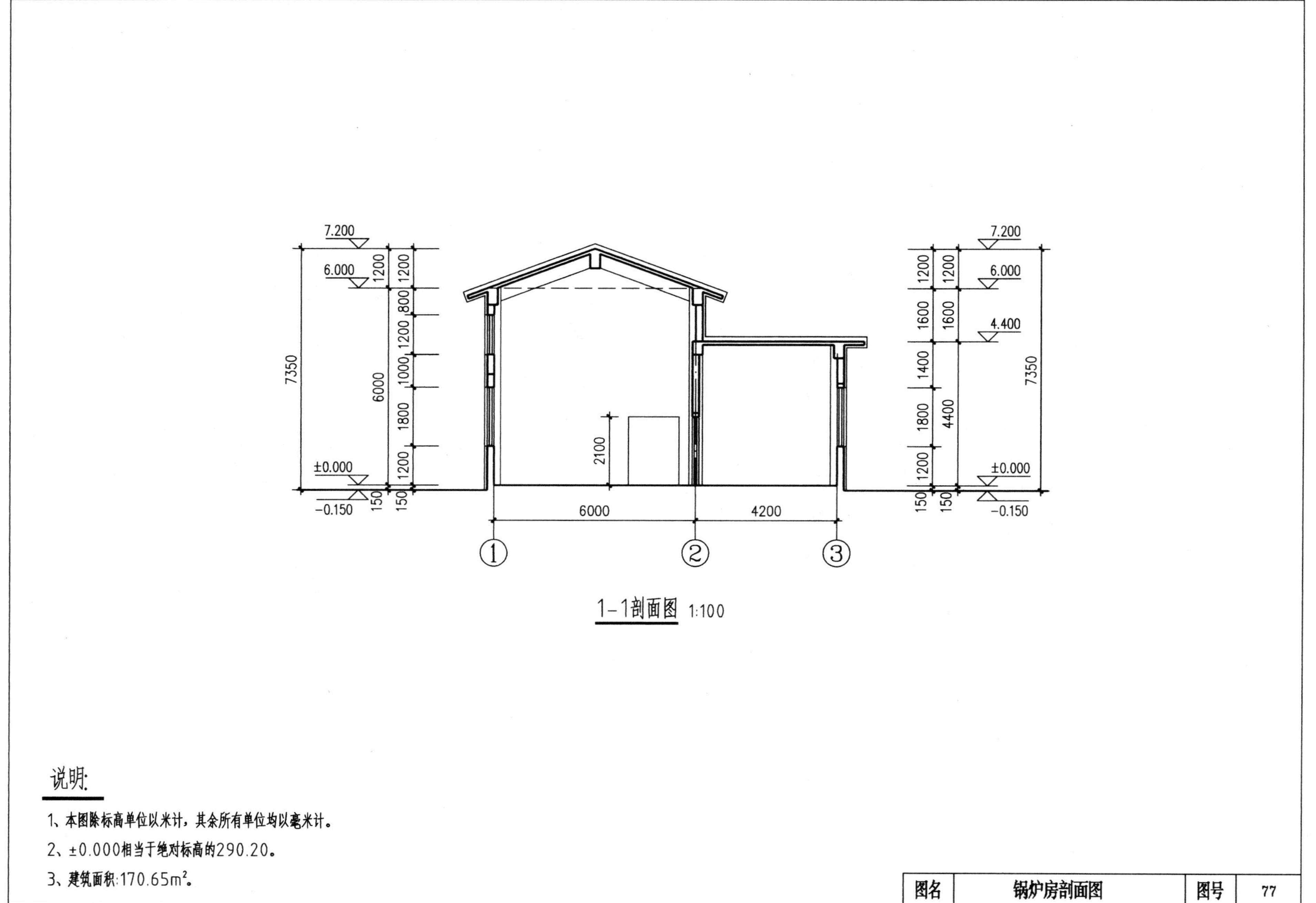

1–1剖面图 1:100

说明:

1、本图除标高单位以米计，其余所有单位均以毫米计。

2、±0.000相当于绝对标高的290.20。

3、建筑面积:170.65m²。

图名	锅炉房剖面图	图号	77

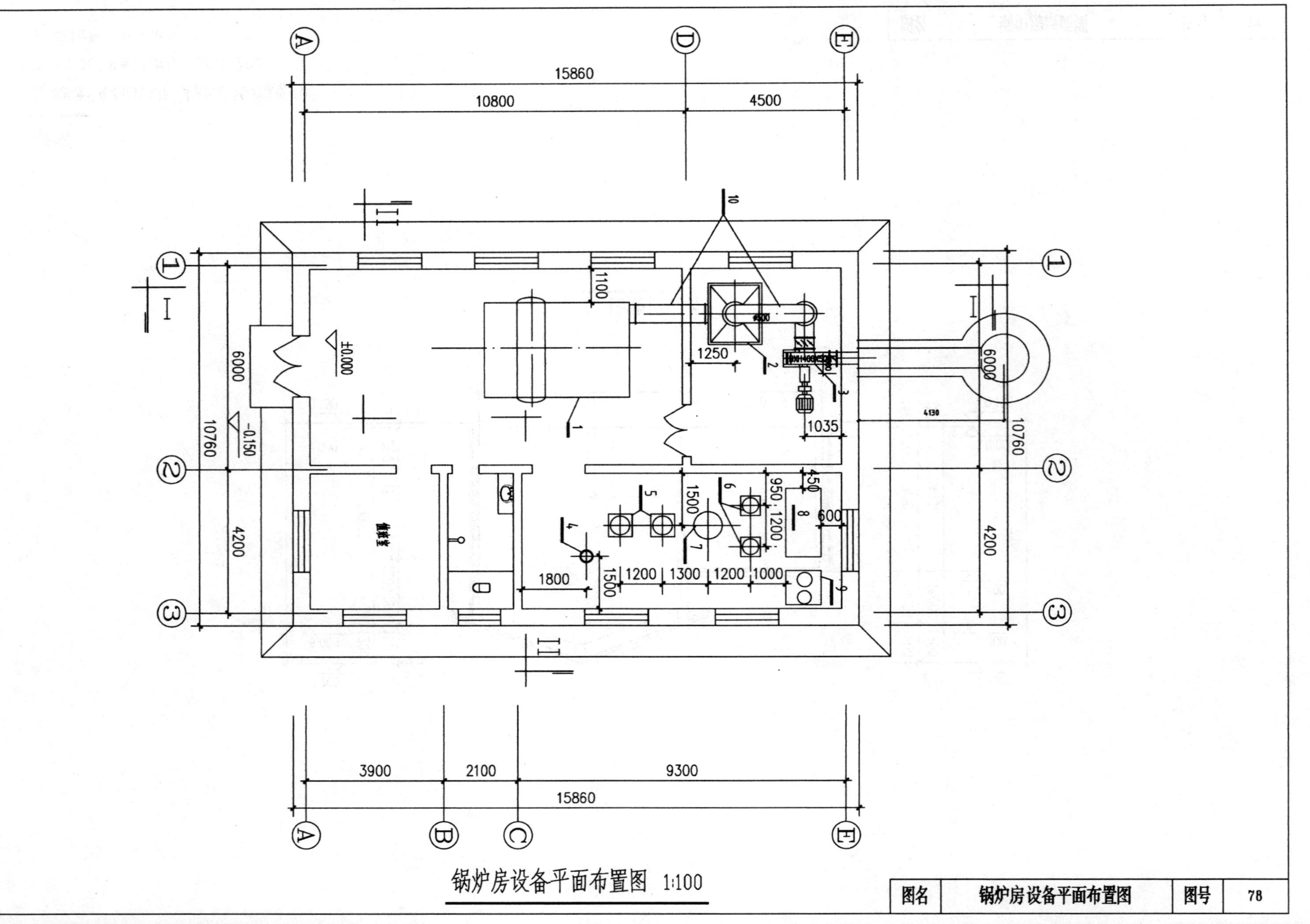
锅炉房设备平面布置图 1:100
图名
锅炉房设备平面布置图
图号
78
值班室
±0.000
-0.150

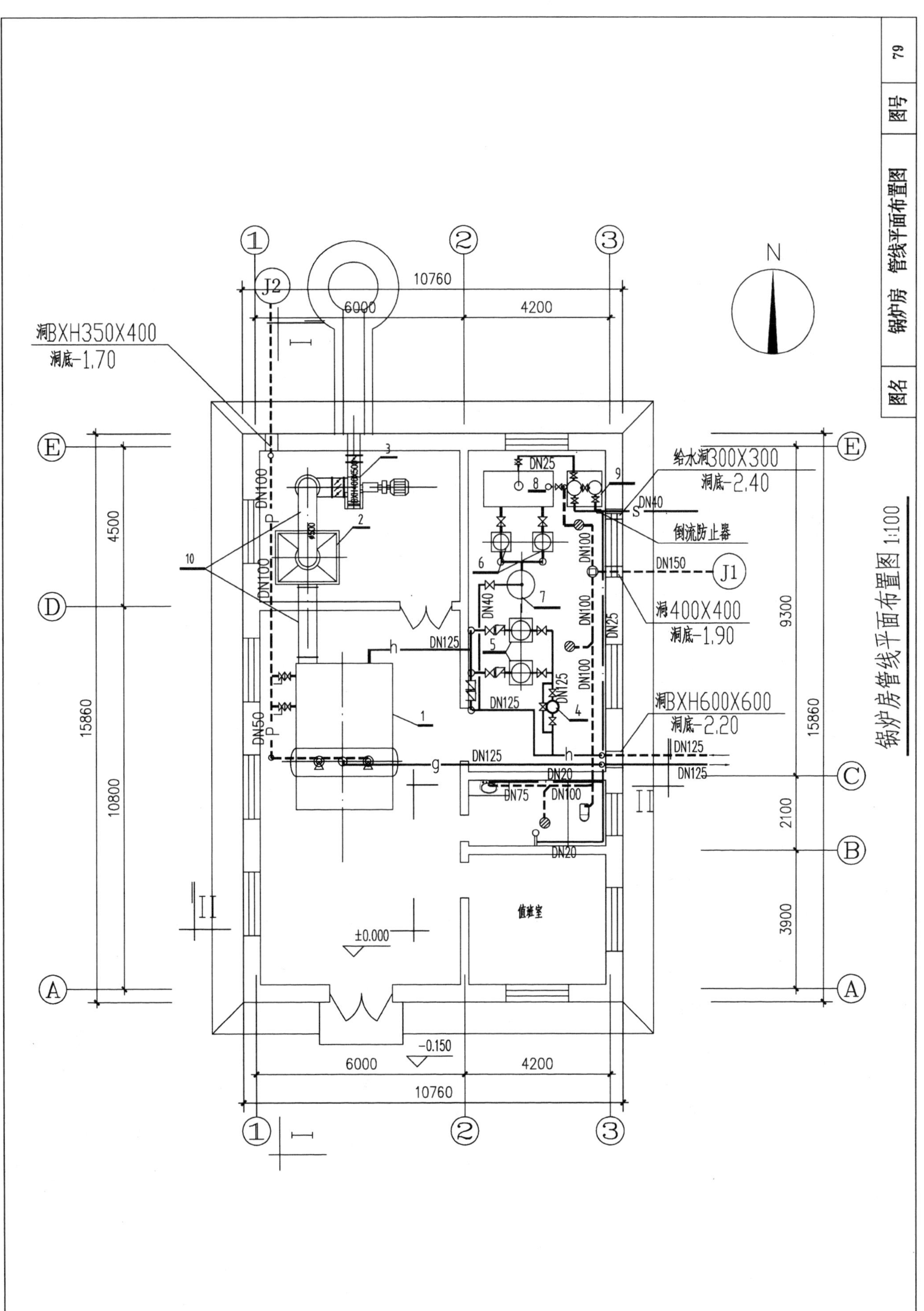

图名
锅炉房 管线平面布置图
图号
79
锅炉房管线平面布置图 1:100
N
10760
6000
4200
洞BXH350X400
洞底-1.70
给水洞300X300
洞底-2.40
倒流防止器
DN150
J1
J2
洞400X400
洞底-1.90
洞BXH600X600
洞底-2.20
DN25
DN40
DN100
DN125
DN50
DN20
DN75
值班室
±0.000
-0.150
15860
4500
10800
9300
2100
3900

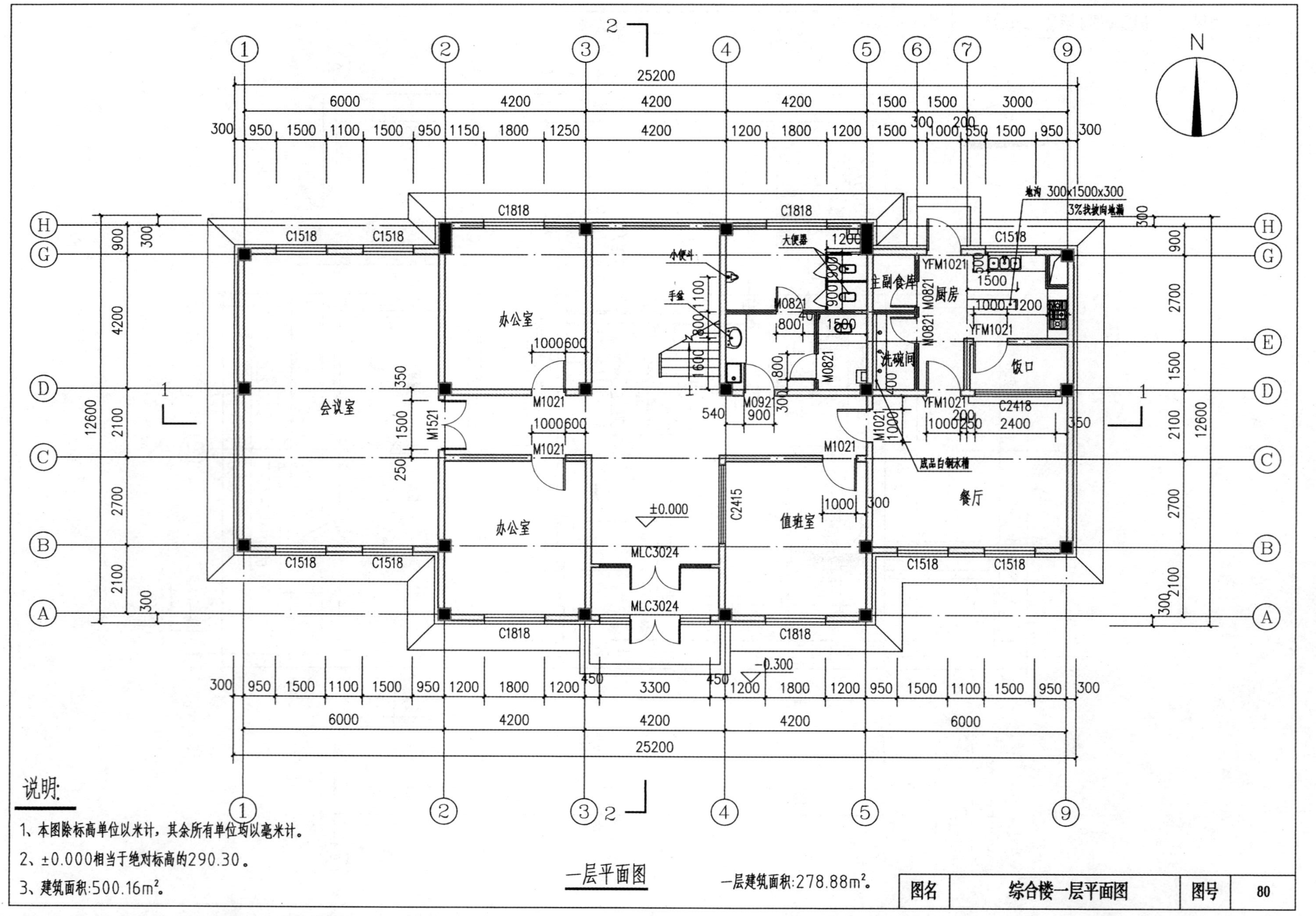

说明:

1、本图除标高单位以米计，其余所有单位均以毫米计。

2、±0.000相当于绝对标高的290.30。

3、建筑面积:500.16m²。

一层平面图

一层建筑面积:278.88m²。

图名	综合楼一层平面图	图号	80

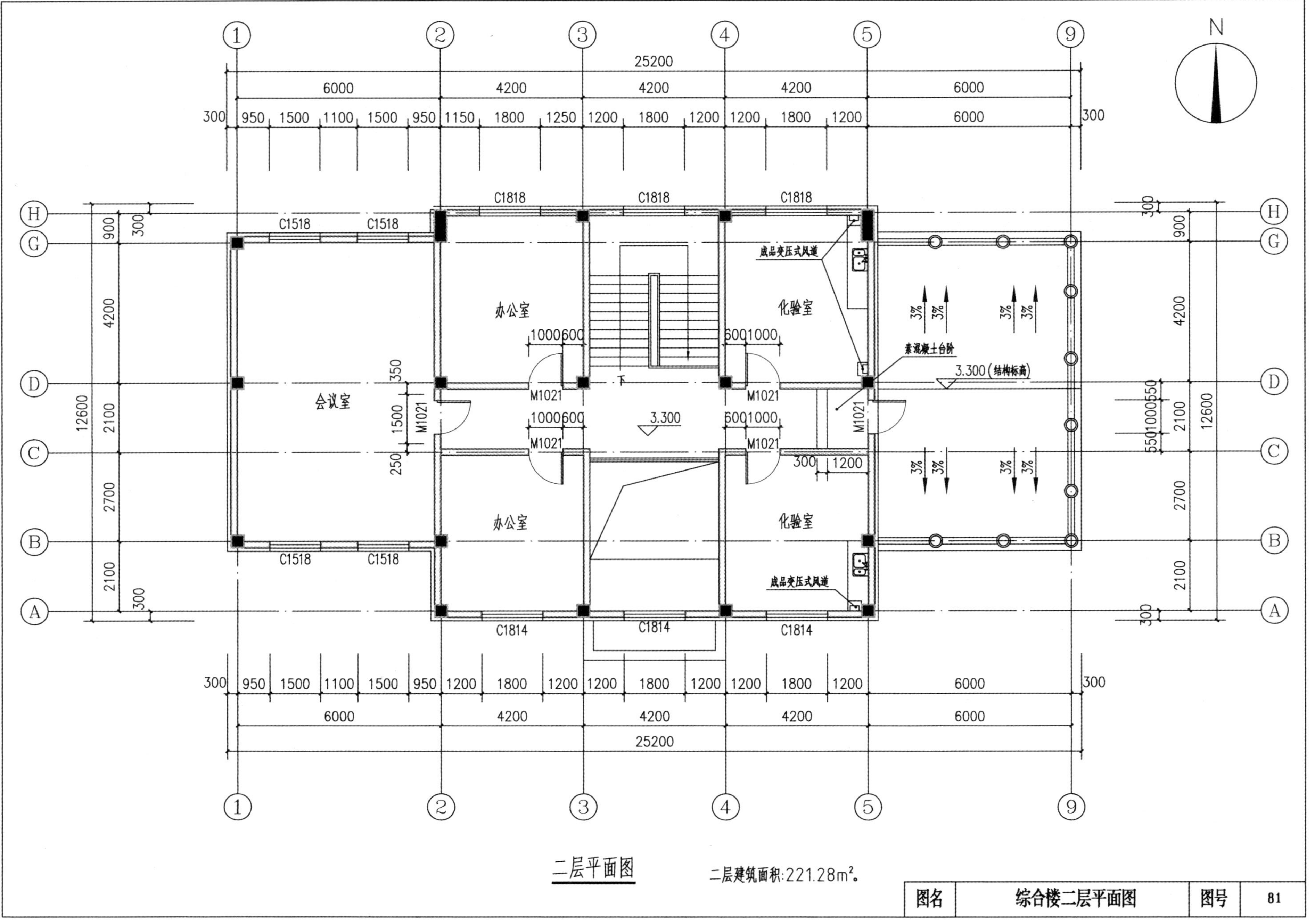

N
办公室
化验室
会议室
成品变压式风道
素混凝土台阶
3.300（结构标高）
3.300
M1021
C1818
C1814
C1518
二层平面图
二层建筑面积:221.28m²。
图名
综合楼二层平面图
图号
81

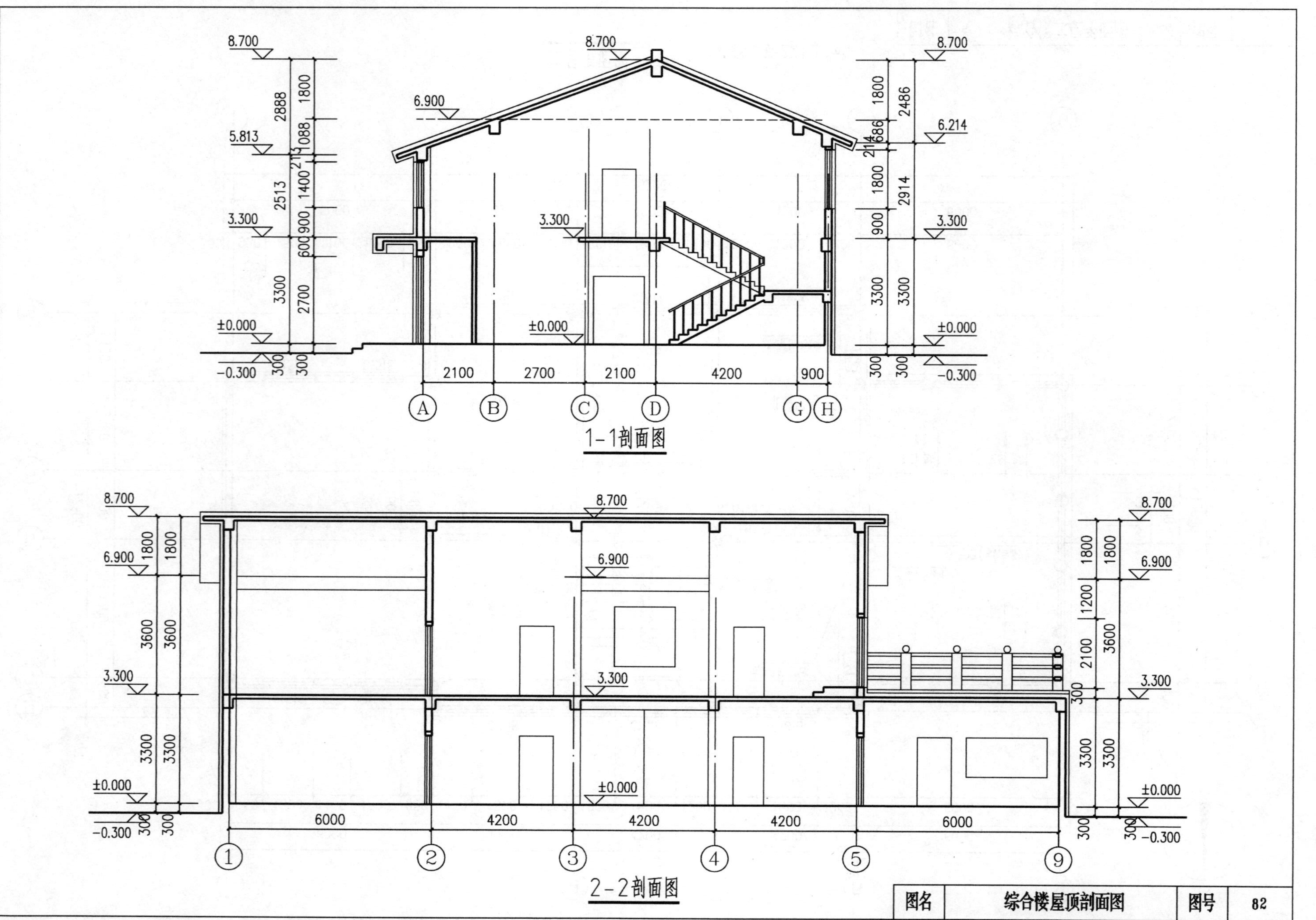

图名	综合楼屋顶剖面图	图号	82

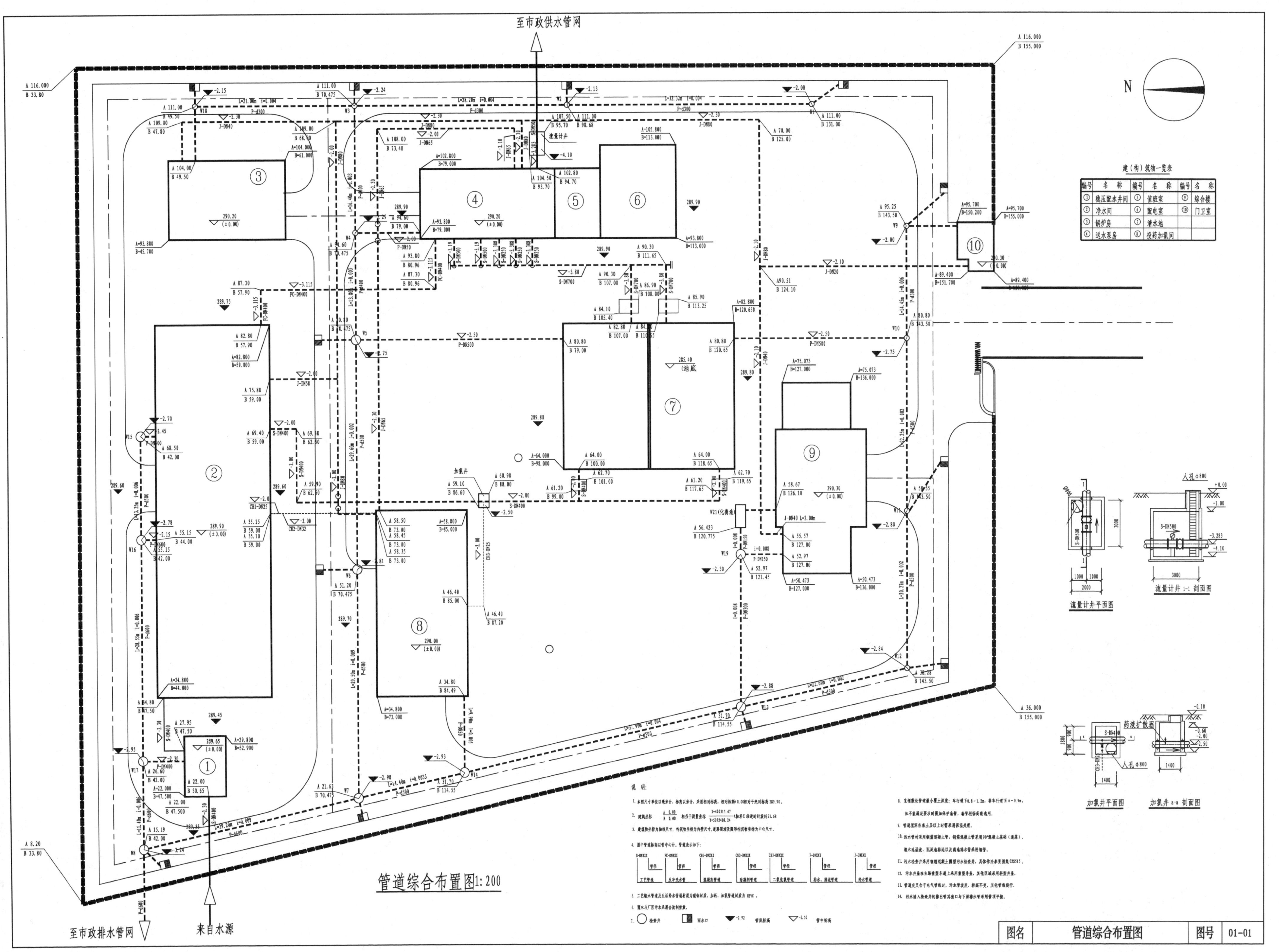

至市政供水管网
N
建（构）筑物一览表
编号	名称	编号	名称	编号	名称
①	稳压配水井间	⑤	值班室	⑨	综合楼
②	净水间	⑥	配电室	⑩	门卫室
③	锅炉房	⑦	清水池		
④	送水泵房	⑧	投药加氯间		
流量计井平面图
流量计井 1-1 剖面图
加氯井平面图
加氯井 a-a 剖面图
药液扩散器
管道综合布置图1:200
说 明:
1. 本图尺寸单位以毫米计，标高以米计，采用相对标高，相对标高±0.00相对于绝对标高289.90。
2. 建筑坐标 A 0.00 / B 0.00 相当于测量坐标 X=420315.47 / Y=5072408.24 A轴沿X轴逆时针旋转21.68
3. 建筑物坐标为轴线尺寸，构筑物坐标为内壁尺寸，道路围墙及圆形构筑物坐标为中心尺寸。
4. 图中管道标高以管中心计。管道表示如下:
S-DNXXX 管径 工艺管线
FC-DNXXX 管径 反冲洗水管
CH1-DNXXX 管径 混凝剂管道
CH2-DNXXX 管径 助凝剂管道
CH3-DNXXX 管径 二氧化氯管道
P-DNXXX 管径 排水、排泥管道
J-DNXXX 管径 给水管道
5. 二艺输水管道及生活给水管道材质为碳钢材质，加药、加氯管道材质为 UPVC 。
6. 雨水与厂区污水采用合流制排放。
7. 检查井 雨水口 -2.92 管底标高 -2.50 管中标高
8. 直埋敷设管道最小覆土深度：车行道下0.8～1.2m，非车行道下0.6～0.9m，如不能满足要求时需加保护套管，套管根据荷载选用。
9. 管道埋深在冻土层以上时需采用保温处理。
10. 污水管材采用钢筋混凝土管，钢筋混凝土管采用90°混凝土基础（通基）。清水池溢流、沉淀池排泥以及滤池排水管采用钢管。
11. 污水检查井采用钢筋混凝土圆型污水检查井，具体作法参见图集02S515 。
12. 污水井盖在主路重型车道上采用重型井盖，其他区域采用轻型井盖。
13. 管道交叉合于电气管线时，污水管坡度、标高不变，其他管线绕行。
14. 污水接入检查井的排出管其出口与下游排水管采用管顶平接。
至市政排水管网
来自水源
图名 管道综合布置图 图号 01-01